NIEMALS BEWORBEN

NIEMALS BEWORBEN

DER **ULTIMATIVE** SCHLÜSSEL ZU **UNKONVENTIONELLEM DENKEN**

KURT GASSNER

My-mindguide.com

Niemals Beworben
Kurt Gassner

First Edition, 2022

Impressum
My-mindguide – The publishing trademarke of trendguide Capital GmbH, Klenzestr. 42a, 80469 Munich, Germany.

Reg. Nr. HRB Munich 206639, VAT 152 123 159, CEO: Kurt Friedrich Gassner
Web: www.my-mindguide.com, mail: gassner@my-mindguide.com

Paperback ISBN: 978-3-949978-60-9
Ebook ISBN: 978-3-949978-61-6
Hardback ISBN: 978-3-949978-62-3

Inhaltsverzeichnis

Never Applied

My-mindguide.com

SELBSTHILFE: NIEMALS BEWORBEN

In diesem Buch möchte ich die Absurdität des gegenwärtigen Arbeitsmarktes näher beleuchten und aufzeigen, warum du schlussendlich zu nur durchschnittlichen Ergebnissen gelangst, wenn du immer nach den Regeln spielst. Warum zögern Menschen, von der Norm abzuweichen und über den Tellerrand hinauszublicken? Das Bildungssystem strebt nach Gleichheit und gesellschaftlicher Akzeptanz.

Der Schlüssel ist, deine Schwachstellen zu erkennen und alles daran zu setzen, diese auszumerzen, um dich weiterentwickeln zu können – deshalb bist du hier. Kurt F. Gassner hat dieses Buch geschrieben, um die Findung eines selbstbestimmten Erfolgswegs zu erleichtern. Du erreichst dies, indem du deine angeborenen Fähigkeiten mit praktischen Ratschlägen, klarem Denken und den notwendigen Tools kombinierst. Die folgenden Seiten werden dir dabei helfen, deine neuen kaufmännischen Fähigkeiten einzusetzen, um ein eigenes Unternehmen aufzubauen oder an einem wettbewerbsorientierten Arbeitsplatz die Karriereleiter emporzusteigen. Damit gewinnst du das Selbstvertrauen, um dir erfolgreich Wege in einer stressiger werdenden Gesellschaft zu erschließen.

In diesem Buch werde ich, ähnlich einer Fallstudie, über einige meiner Erfolge und Misserfolge in der Vergangenheit berichten, um die Absurdität des heutigen Arbeitsmarktes zu unterstreichen. Du wirst sehen, wie es dir mit an Sicherheit grenzender Wahrscheinlichkeit ergehen wird, wenn du stets nach den Regeln spielst und bevorzugt ›auf Nummer sicher‹ gehst. Meine Erfolgsgeschichte ist jedoch genau das: eine Geschichte. Um diese zu bestätigen oder andere zu ermutigen, meinem Weg zu folgen, brauchen wir anekdotische Beweise von realen Personen, die meinem Rat gefolgt sind.

Vielleicht kamst du dir bedingt durch äußere Faktoren in deinem Leben bereits machtlos oder manipuliert vor. Vielleicht bist du auch frustriert darüber, wie einfach es ist, einem vorgegebenen Weg zu folgen, den andere für dich bereitet haben, während du selbstzufrieden mit dem Strom geschwommen bist. Als Mitarbeiter kommt man nicht voran, wenn man sich nicht weiter entwickeln kann, als Anweisungen zu befolgen, Prüfungen zu absolvieren, sich Kenntnisse und Fähigkeiten anzueignen oder niedere Tätigkeiten gegen Bezahlung zu erledigen. Es winkt jedoch eine weit größere Belohnung, wenn wir die Kontrolle über unsere Zukunft selbst in die Hand nehmen und die Fähigkeit erlernen, nach mehr zu streben.

Dieses Buch wird Aspekte beleuchten, welche meines Erachtens essentiell für jeden sind, der sein Leben um ein konkretes Ziel herum organisieren möchte.

Never Applied
My-mindguide.com

Unkonventionelles Denken: NIEMALS BEWORBEN

EINLEITUNG

Selbsthilfe ist für mich eine Form bewusster Bewältigung. Wir gehen mit schwierigen Situationen um, indem wir gezielt und bewusst den Hebel ansetzen, um ein optimiertes Ergebnis zu erzielen. Es geht darum, eigene Schwachpunkte zu erkennen und alles daran zu setzen, diese zu überwinden. Selbsthilfe kann manchmal auch bedeuten, Dritte oder das eigene Umfeld zu beeinflussen, um eigene Umstände oder Befindlichkeiten zu verbessern. Dennoch liegt der primäre Fokus im Allgemeinen auf der Veränderung des eigenen Verhaltens, der eigenen Emotionen, Fähigkeiten, Kognition (Gedanken) oder unterbewusster Prozesse. Selbsthilfe ist die bewusste Argumentationskomponente deines Ichs, welches weitere Aspekte deiner Persönlichkeit, des daraus resultierenden Verhaltens und der Umstände verändert. Es dient deiner Selbstverbesserung.

Da unsere Kultur größeren Wert darauf legt, andere Menschen zu verändern, etwa Kinder zu erziehen, Studenten zu unterrichten, Mitarbeiter zu motivieren, Kriminalität und

Drogen zu bekämpfen, uns selbst oder Produkte an andere zu verkaufen, unseren Liebhabern zu gefallen, Menschen davon zu überzeugen, für uns zu stimmen (um nur einige zu nennen), als darauf, sich selbst bewusst zu verändern, mag das Konzept der Selbstveränderung fremd anmuten. ›Dinge besser machen‹ beinhaltet häufig den Versuch, eine andere Person verändern zu wollen.

Selbst in meinem Bereich der Psychologie nimmt die Erforschung von Möglichkeiten, andere zu verändern oder zu behandeln, erheblich mehr Zeit in Anspruch als das Studium von Methoden zur Selbstverbesserung. In den letzten Jahrzehnten sind die konventionellen Vorstellungen von Selbstbeherrschung, Eigenverantwortung und Eigenständigkeit in Ungnade gefallen.

Sollte dir die Idee der Selbsthilfe jedoch geläufig sein, dann ist dir bestimmt bereits bewusst, dass unser Verstand ständig bestrebt ist, ein aktuelles oder herannahendes Problem zu lösen. Tatsächlich helfen sich die meisten von uns stets selbst. Dies geschieht jedes Mal, wenn du deine Aktionen vorbereitest, indem du im Voraus antizipierst, wie du mit einem Szenario umgehen willst. Sogar dann, wenn du während einer Diskussion, die nur wenige Sekunden andauert, die passende Aussage findest.

Die außergewöhnliche Fähigkeit unseres Gehirns, schnell alternative Herangehensweisen an eine Herausforderung zu antizipieren, unterscheidet uns von anderen Lebewesen. Wir fragen uns ständig: „Was soll ich jetzt sagen oder tun?“ Dies bedeutet normalerweise, verschiedene Optionen in Betracht zu ziehen und zu prognostizieren, wie das jeweilige Ergebnis ausfallen könnte. Wenn sich eine Person dieser laufenden und komplizierten Bewältigungsprozesse bewusst wird, erschließt sich eine Fülle von Möglichkeiten, einzugreifen und die Umstände zu verbessern. Der Hauptzweck dieses Buches soll darin bestehen, dazu beizutragen, die inneren Vorgänge besser zu verstehen, welche bei der Bewältigung der Herausforderungen des Lebens auftreten. Dies ist gewissermaßen die Quintessenz der Selbsthilfe.

- Ich bin davon überzeugt, dass viele von uns das Ausmaß unserer Möglichkeiten vernachlässigen, die unser Leben beeinflussen könnten (obgleich es unmöglich ist, auf alle von ihnen zu reagieren). Wir fühlen uns möglicherweise machtlos oder manipuliert, durch äußere Faktoren wie Einzelpersonen, Umstände, Schicksale oder auch höhere Mächte. Viele andere sind sich der Existenz von Möglichkeiten, ihr Leben in die Hand zu nehmen, nicht bewusst oder lehnen diese sogar ab. Vielleicht sind wir aufgrund unserer angeborenen (jedoch untrainierten), aber erstaunlichen Fähigkeit zur Problemlösung zu dem falschen Schluss gekommen, dass es keine Lösung gibt oder dass wir unsere spezifischen Fähigkeiten nicht weiterentwickeln müssen.

- Welch eine Tragödie!

- Ähnlich einer Person, die ein brillanter Gesprächspartner sein möchte, ohne zu lernen oder der Student, der andere beeindrucken will, indem er ohne zu pauken bei einer Prüfung gut abschneiden möchte, fühlen wir uns möglicherweise unzulänglich, wenn wir uns daran machen, an uns zu arbeiten.

- Das praktische Leben, egal ob es darum geht, fit und aktiv zu sein, sich in einer Branche Wissen anzueignen oder eine sinnvolle Beziehung zu pflegen, erfordert harte Anstrengungen.

DIE AMBIVALENZ VON NIEMALS BEWORBEN UNTER DEM ASPEKT DER SELBSTKONTROLLE

Der Mensch begehrt die Kontrolle über das eigene Leben und hat Angst davor, diese zu verlieren.

Es gibt jedoch kaum Hinweise darauf, dass die Wissenschaft bei der Selbstkontrolle behilflich sein kann. Sogar die Psychologie legte bis in die 1960er Jahre Selbstbeherrschung, Willenskraft und kognitive Kontrolle in die Hände der Philosophen. Darüber hinaus behaupten einige experimentelle Theoretiker, dass bewusstes Denken oder ›Wollen‹ wenig bis gar keinen Einfluss auf unsere Handlungen hat (Bargh & Chartrand, 1999; Wegner & Wheatley, 1999). Dies stimmt bis zu einem gewissen Punkt. Wesentliche Teile des menschlichen Lebens finden automatisiert statt, ohne den Einsatz des bewussten Verstandes. Es geschieht unendlich viel: Wahrnehmung, Verhalten, Emotionen, Gedächtnis, physiologische Prozesse, um nur einige zu nennen, ohne dass eine bewusste Entscheidungsfindung und Planung mit den Ereignissen Schritt halten könnte. Automatische Mechanismen übernehmen das Zepter. Wenn etwas schief geht oder wir etwas ändern möchten, können wir gelegentlich die begrenzten, bewussten Ressourcen unseres Gehirns nutzen, um neue Lösungen zu finden.

Shapiro (1997) hat zusammen mit zwei Kollegen (Shapiro, Schwartz und Astin, 1996) kürzlich eine Zusammenfassung der Theorie und Forschung zur Selbstkontrolle erarbeitet. Erkenntnisse, die in den letzten 40 Jahren zusammengetragen wurden. Zusammenfassend lässt sich sagen, dass sich Forschungspsychologen der Relevanz von Selbstveränderung und Willenskraft bewusster geworden sind. Dies resultiert in der Erkenntnis, dass Selbstbeherrschung (oder deren Abstinenz) für unsere geistige und körperliche Gesundheit von entscheidender Bedeutung ist.

Einstellungen und Fähigkeiten zur Selbsthilfe nehmen bei der Behandlung körperlicher, geistiger, emotionaler und zwischenmenschlicher Probleme eine wachsende Bedeutung ein.

Normale, gesunde Menschen neigen dazu, ihre Kontrolle zu übertreiben, während sie gleichzeitig ihre Verwundbarkeit unterschätzen. Dies gibt ihnen ein positiveres Gefühl. Es hilft, wenn wir uns in der Lage fühlen, mit einer Krankheit umzugehen (wir arbeiten effizienter und unser Immunsystem leistet tatsächlich mehr). Sobald wir uns jedoch hilflos fühlen, reduzieren wir die Bemühungen einer Behandlung und steigern stattdessen unsere Angst und Verzweiflung. Deshalb stellt es ein Problem dar, wenn man glaubt, hilflos zu sein, obwohl dies nicht zutreffend ist. Ebenso kann ein übermäßiger Glaube an die eigene Kontrolle oder ein Bedürfnis nach Überwachung der eigenen Gesundheit und dem sozialen Leben schädliche Auswirkungen haben. Falls du deine Selbstkontrolle überschätzt, könnte dies dazu führen, dass du dir möglicherweise fälschlicherweise die Schuld für negative Konsequenzen gibst.

Shapiro (1997) zeigt, wie kompliziert das Konzept der Selbstkontrolle ist. Es umfasst dein Bedürfnis nach Kontrolle, deinen Glauben an die Kontrolle und die tatsächliche Kontrolle, über welche du verfügst. Dies kann elementare Bereiche des Lebens betreffen oder auch sehr spezifische Teile, wie ›diese Aufgabe pünktlich erfüllen‹ und ›meine Wut auf diese Person verarbeiten‹. Gemäß dem Gelassenheitsgebot kann Kontrolle auch bedeuten, sich einem Umstand zu unterwerfen, diesen besonnen zu akzeptieren oder sich ihm anzupassen – sowie selbstbewusst etwas zu tun, um die Dinge zu beeinflussen.

Ist auch Verleugnung Teil der Kontrolle, wenn beispielsweise ein Alkoholiker behauptet: „Ich kann jederzeit mit dem Trinken aufhören", was zwar die Angst verringert, aber die Sucht verschlimmert? Alles in allem ist dies keine bewusste Form der Kontrolle.

Kann Kontrolle auch beinhalten, andere Personen, etwa Familie, Gruppierungen, die Regierung oder auch Gott davon zu überzeugen, dir zu helfen? Dies wäre möglich. Schließlich gibt es vieles, was wir über das Erlernen von Selbstkontrolle nicht wissen: Erfordern unterschiedliche Geschlechter, Altersgruppen, Ambitionen, Persönlichkeiten und weitere Faktoren verschiedene Kontrollfähigkeiten und -methoden?

Müssen wir uns Sorgen um die Werte der Menschen machen? Etwa, wie sie ihre Macht einsetzen, wenn die Gesellschaft ihnen dazu verhilft, mehr Selbstkontrolle und damit potenziell mehr Einfluss auf Dritte zu gewinnen? Etliche Fragen zur Selbstkontrolle werden durch Shapiros Buch beantwortet, doch auf diesem wenig erforschten Gebiet gibt es noch viel mehr zu lernen.

Never Applied
My-mindguide.com

AUF WELCHE WEISE KANN DIR DIESES BUCH BEHILFLICH SEIN?

In diesem Buch möchte ich die Absurdität des heutigen Arbeitsmarktes hervorheben und demonstrieren, wie man bei immerwährendem Befolgen der Regeln nur zu durchschnittlichen Ergebnissen gelangt. Warum zögern Menschen, von der Norm abzuweichen und über den Tellerrand hinaus zu denken? Das Bildungssystem strebt nach Gleichheit und gesellschaftlicher Akzeptanz.

Du wirst als Außenseiter wahrgenommen, wenn du von der Masse abweichst.

Ich ermutige junge und ältere Menschen, anders zu denken und zu handeln. Werde zu einer Marke und behalte stets die Prinzipien deiner Marke im Hinterkopf. Halte dich nicht zu jeder Zeit an die Regeln. Vielleicht ist ein Beispiel dafür hilfreich. Aufgrund einer dringenden Notwendigkeit blieb mir nichts anderes übrig, als mich zu verändern und aktiv zu werden. Ich musste lernen, auf der Grundlage meiner selbst zu navigieren. Die Schule des Lebens war folglich meine Ausbildung.

Meine Reise vom unteren Ende der sozialen Leiter zum Spitzenverdiener begann mit nichts als einem winzigen

Spielzeug. Ohne professionellen Hintergrund und ohne entsprechende Reputation habe ich mein erstes Direct-Mail-Programm konzipiert und es den besten Werbeagenturen in Deutschland und Österreich vorgestellt. Meine schulische Laufbahn war gescheitert, meine Eltern hatten sich getrennt und mit 17 lebte ich bereits allein.

Als ich 18 wurde und gerade meinen Führerschein in der Tasche hatte, startete ich das Direct-Mailing.

Ich verstand mich als das aufstrebende und fantastische Talent und versteckte meine Adresse in einem Spielzeug-Tresor. Mein letztes Bargeld verwendete ich, um diese Spielzeugtresore zu kaufen und zu versenden. Ich habe 55 davon an Deutschlands führende Werbefirmen verschickt und 32 Einladungen zur persönlichen Vorstellung erhalten. Ich habe ein Auto gemietet und ging auf Bewerbungstour. Ich lebte bestens auf Spesenkosten meiner potentiellen Arbeitgeber. Natürlich haben viele von ihnen gesagt, dass ich ein Großmaul mit viel Selbstbewusstsein, aber zu wenig Erfahrung bin, um als leitender Texter mit einem beachtlichen Gehalt eingestellt zu werden.

Auch dann noch, als ich vorgab, ich sei 23 – was nicht der Fall war.

Schließlich zog ich einen Job in Solingen in Deutschland bei einer Werbeagentur als Texter an Land, durch den ich mein Einkommen verdoppeln und meine Karriere ins Rollen bringen konnte.

Warum habe ich diesen Weg gewählt? Man muss das System auf den Kopf stellen. Bewirb dich nicht – gestatte es dir, dich zu umwerben zu lassen.

Nach einem Jahr in der Agentur hatte ich viel von den leitenden Angestellten gelernt und ein Großkunde fragte mich, ob ich nicht direkt für ihn arbeiten könnte. So gründete ich mit 19 Jahren meine eigene Agentur (Sogar mein getrennt lebender Vater musste seine Zustimmung geben – er war misstrauisch ...)

Das Problem bestand darin, dass ich die Jobs an Land zog, während meine Partner in der Warteschleife verharrten.

Wie man Presse-Echo erzeugt ...
Bekanntheit ist ein hohes Gut in der Werbebranche und so habe ich mir eine große PR-Story in Deutschlands führendem Werbemagazin gesichert – eine komplette Seite. Die frischen und ungezähmten Talente von ... 23 Jahren (tatsächlich war ich 19 Jahre jung). Dieser Glücksfall katapultierte mich in eine der Top-Werbeagenturen Deutschlands – direkt in die Kreativabteilung. Ich war als Konzepttexter angestellt und wurde einigen der renommiertesten Kunden zugeteilt. Mein Lohn stieg um den Faktor zwei, aber ich musste alles geben.

Die folgenden Schritte waren einfach:
Ich wurde von Talentscouts und Headhuntern entdeckt. War Werbetexter, Gruppenleiter und Creative Director, international Creative Director ... Mit 27 änderte ich schließlich mein offizielles Alter. Zurück zum Original! Ich war zweifellos ein vielversprechendes, junges Talent in Deutschland, aber ich strebte nach mehr, nach einer internationalen Werbekarriere bei einem Big Player. Das Problem war lediglich mein armseliges Schulenglisch.

Der Headhunter hat mich mit J.W. Thompson in Verbindung gebracht – damals einer der größten Werbeagentur-Konzerne der Welt und in Frankfurt vertreten.

Hier führte ich mein Vorstellungsgespräch auf Englisch. Ich saugte so viel wie möglich von der Sprache auf und beeindruckte die Bosse so nachhaltig, dass ich als leitender Creative-Director für die wichtigsten Etats engagiert wurde und damit für über 80 Kreative verantwortlich war. Auf Firmenkosten wurde ich dann zu einem ›training on the job‹ mit Englisch-Intensivkurs in das globale Headquarter an der Madison Avenue in New York gesandt. Tolle Monate in New York, dem Nabel der Werbebranche.

Es war wie in einem Fahrstuhl, das Telefon klingelte ununterbrochen und es kamen permanent neue Stellenangebote auf mich zu. Ich habe mein Gehalt jedes Jahr um 50 % gesteigert und war mit 29 Jahren einer der Topverdiener der Branche. Meine letzte Station war Geschäftsführer Gestaltung in einer Top-Agentur in Düsseldorf. Dann war Schluss für mich – der Zirkus wurde mir zu bunt und ich entschloss mich dazu, selbständig zu werden.

Es hatte sich ein Teufelskreis gebildet. *Blicke nicht zurück, wenn du einmal ins Haifischbecken gesprungen bist.*

Da die Top-Kreativen in den großen Werbekonzernen bewusst dumm gehalten werden und keine Ahnung davon haben, wie man ein Unternehmen führt, verfügte ich über keine Kunden und kein effizientes Netzwerk. Den Sprung nach vorn wagte ich dennoch. Ich gründete den Versandhandel

International Loving Fashion, kreierte einen Katalog, einen Film und schaffte es, nur vom Katalog- und Videohandel gut zu leben.

Schließlich gründete ich in Partnerschaft mit einem Kundenberater eine Werbeagentur. Das Geschäft entwickelte sich. Mein Geschäftspartner drehte durch, er wurde zu gierig.

Also verlagerte ich meine Tätigkeit von der kreativen zur geschäftlichen Seite und lernte das gesamte Business kennen. Der Erfolg stellte sich schnell ein: Neue Agenturen und Großkunden in Wien, München, der Schweiz und in den USA.

Als das Werbegeschäft schlussendlich langweilig wurde, veränderte ich mich ein weiteres Mal. Pitches – ohne langfristige Verträge, stets dieselben Abläufe. Ich hatte genug – fortan ließ ich meine Agentur im Hintergrund laufen, während ich mich auf das konzentrierte, was ich wirklich tun wollte:

- Top-Führungskräfte in großen Konzernen beraten.
- Wie McKinsey behandelt und entlohnt werden.
- Arbeiten und Reisen auf globaler Ebene.
- Einen unauslöschlichen Fußabdruck in der Organisation hinterlassen und damit sogar deren Aktienkurs beeinflussen können.
- Mit den fähigsten Leuten zusammenzuarbeiten – ein Traum wurde wahr.
- Daraus entwickelte sich BRAND-Architects.de

Als ich meine Fähigkeiten großen Unternehmen in Österreich und Deutschland anbot, wurde den führenden Köpfen schnell bewusst, dass ich mehr ein kreativer Praktiker, als ein bloßer Theoretiker war. Die Kombination aus Kreativität und Business-Know-How war gefragt.

Alle meine Träume materialisierten sich zusehends. Auf Kosten großer Konzerne bin ich zweimal um die Welt gereist und habe dabei insgesamt 82 Länder kennenlernen dürfen.

Die Ergebnisse meines Brand Audition und des von mir entwickelten Systems wirkten sich positiv auf den Erfolg und die Karrieren vieler Menschen aus.

Es war fantastisch, ich war hoch angesehen und hatte Einfluss.

Jedoch war es nicht immer leicht, da ich stets bestrebt war, die Messlatte noch ein Stück höher zu legen.

Meine Frau begleitete mich auf den mehrmonatigen Reisen um die Welt, bezahlt von meinen Auftraggebern.

Ich investierte viel Geld und Energie in die Schul- und Ausbildung meiner Kinder. Sie waren eine Projektion meiner eigenen nie gelebten Ausbildungs-Karriere. Privatunterricht, Privatschulen, private internationale Eliteuniversitäten, MBA-Programme. Sie machen sich gut, aber manchmal denke ich, dass ihnen ein gewisser, unkonventioneller Streetwise-Vibe fehlt.

Unkonventionell agieren und immer über den Tellerrand hinaus denken ...

Streetwise? Ich bin davon überzeugt, dass Cleverness, Flexibilität und Selbstvertrauen in einem Umfeld, das stets im Wandel begriffen ist, unerlässlich sind.
Dieses Buch wurde geschrieben, um dem durchschnittlichen Menschen dazu zu verhelfen, ein besseres Leben zu führen. Was sollte ein Leser von einem vollständigen, umfassenden und praktischen Selbsthilfebuch erwarten? Aufgrund meiner Erfahrungen würde ich Folgendes erwarten: Nachdem du dieses Buch sorgfältig gelesen und dich darüber hinaus ein wenig in der Entwicklung und Durchführung von Selbsthilfeplänen geübt hast, solltest du hierfür der Lage sein:

Jedes Problem schnell in aussagekräftige Teile zerlegen und zu analysieren, um einen umfassenden Eindruck zu gewinnen.

Geeignete Methoden zur Selbsthilfe wählen, zu beherrschen und danach zu handeln.

Fortschritte zu analysieren und den Plan gegebenenfalls anzupassen oder neu auszurichten, falls die Resultate nicht zufriedenstellend sein sollten.

Ich glaube, dass mit diesem Wissen und der entsprechenden Übung in der Praxis jeder Mensch mit durchschnittlicher Intelligenz in der Lage sein wird, ebenso exzellente Selbstverbesserungspläne zu entwickeln (welche von Experten als „möglicherweise effektiv“ bewertet werden), wie die von Fachleuten (Psychiater, Psychologen, Sozialarbeiter, Schulpsychologen, Berater usw.) erstellten.

Dies ist jedoch eine Frage, die auf empirische Weise beantwortet werden muss. Ich kann derartige Ergebnisse nicht versprechen, aber ich bin überzeugt davon, dass sie möglich sind, sofern der Leser an sich glaubt und sich bemüht. Viele Leute überschätzen die Fähigkeiten anderer Menschen, während sie dazu neigen, die eigenen zu unterschätzen.

Schlussendlich sollte eine Einführung zur Selbsthilfe alle drei bis fünf Jahre überarbeitet werden, um aktuelle Forschungs- und Selbstverbesserungsstrategien widerzuspiegeln. Es sollte ein breites Spektrum an Selbsthilfestrategien abgebildet werden. Eine bestimmte Herangehensweise zur Selbsthilfe mag für eine andere Person weniger passend sein. Jeder muss seinen individuellen Weg finden. Ein Buch, das alles abzudecken vermag, wäre eine enorme Herausforderung, doch wenn Selbsthilfebücher die Forscher dazu ansporen könnten, effektivere Lösungen zur Selbstkontrolle oder Selbsterkenntnis zu erfinden und zu veröffentlichen, würden alle Seiten enorm profitieren.

Never Applied
NEW LIFE
NEW LIFE
NEW LIFE
NEW LIFE
NEW LIFE
My-mindguide.com

ÜBER DEN TELLERRAND BLICKEN

Warum sollten sich Organisationen in einer Zeit schneller und oft unvorhersehbarer Veränderungen auf lineares, quantitativ getriebenes Denken verlassen, um Probleme anzugehen? Besonders, da diese veralteten Konzepte die Ursache für das ursprüngliche Auftreten der Probleme waren?

Hat sich das Ziel – die ›Box‹, in welcher Kreativität und Innovation starr verankert waren – im Zeitalter von *Big Data* zu einer Zahl gewandelt?

Wo ist stattdessen der schwer fassbare, nicht quantifizierbare und nicht greifbare Faktor der Kreativität, welcher die Vereinigten Staaten an die Weltspitze geführt hat?

Warum haben wir solche Angst davor, unkonventionell zu denken?

Die Angst vor dem Erfolg geht derartig weit, dass Menschen sich selbst sabotieren können. Während Erfolg normalerweise als etwas angesehen wird, das am meisten begehrt wird, gibt es eine Vielzahl von Gründen, warum andere Angst davor haben, ihn zu erreichen.

Es ist wichtig zu beachten, dass sich die Besorgnis der meisten Menschen auf die möglichen Auswirkungen der Errungenschaften konzentriert. Da das Erreichen der Ziele oft mit Opfern oder Verlusten verbunden ist, ist es verständlich, dass die Menschen vorsichtig sind, was aber letzten Endes den Unterschied zwischen Erfolg und Misserfolg bedeuten kann.

Niemand kann leugnen, dass die Welt komplizierter geworden ist, da konkurrierende Anforderungen an unser Zeitpensum um unsere Aufmerksamkeit wetteifern.

Nichts ist garantiert, und das Risiko des ›Versagens‹ ist stets omnipräsent.

Umstände ändern sich augenblicklich und machen dabei mitunter sorgfältig ausgearbeitete Pläne zunichte. Quartalsberichte definieren mitunter den Unterschied zwischen Leben und Tod für börsennotierte Unternehmen. Moderne Technologie hat eine 24-Stunden-Leine um uns gelegt, die das Werkzeug mit seinem Meister verwechselt.

Kreative Köpfe laufen Gefahr, nicht nur ihren Job zu verlieren, wenn ein neuartiges Konzept scheitert, sie riskieren bereits dann ihre Existenz, wenn sie unverrückbare Unternehmensweisheiten auch nur in Frage stellen. In der von Angst erfüllten Arbeitswelt des 21. Jahrhunderts triumphiert der Pragmatismus fast immer über den Erfindungsreichtum.

Mitarbeiter glauben, dass es sicherer ist, schrittweise voranzukommen, als mutig innovative Lösungen zu suchen und damit etwas Neues zu erschaffen.

In der heutigen globalen Wirtschaft sind Kreativität und Erfindungsreichtum jedoch de facto die Vorläufer des Erfolgs.

Wir stoßen häufig auf Situationen, in denen Probleme hätten vermieden oder schneller bewältigt werden können, wenn die beteiligten Parteien einfallsreicher wären oder über den Tellerrand hinaus gedacht hätten. Die sogenannte ›Box‹ ist viel häufiger und allgegenwärtiger, als wir glauben.

Wenn wir etwas tiefer in die Materie eintauchen, können wir einige übergreifende Denkmuster aufdecken, die selbst die talentiertesten Menschen davon abhalten, innovative Denker zu sein.

1. **Ein Mangel an Autorität.**
„Beschleicht dich das Gefühl, dass du nicht die Befugnis hast, etwas zu verändern oder über die etablierte Routine hinauszugehen, um schneller oder besser an ein Ziel zu gelangen?“

Falls du diese Frage mit Ja beantwortet hast, ist es an der Zeit, dir die Situation noch einmal präzise anzusehen.

Unabhängig von unserem Titel oder unserer Position kann jeder von uns immer einen Weg finden, etwas zu bewegen. Sich ein Produkt vorzustellen, das einen Markt erobert, den noch niemand zuvor bemerkt hat oder Lösungen vorzuschlagen, um Abläufe effizienter zu gestalten, indem nicht wertschöpfende Aktivitäten eliminiert werden, sind nur einige Beispiele für einen neuen Ansatz, um einen archaischen Zustand aufzubrechen.

2. **Das Warten auf den perfekten Moment.**

Menschen zögern oft, ihre Meinung zu äußern und vollkommen vernünftige Verbesserungsvorschläge zu unterbreiten. Sie tun dies, weil sie glauben, dass ihre Ideen noch nicht ausgereift sind, möglicherweise nicht akzeptiert werden oder bereits berücksichtigt wurden. Das kommt dir sicherlich bekannt vor.

Warte nicht, bis die perfekten Umstände eintreten. Es braucht nicht mehr als eine Person, die das Selbstvertrauen besitzt, eine Frage aufzuwerfen und das Bestehende herauszufordern. Die Leute sind eher geneigt, zuzuhören, wenn du einen interessanten Standpunkt vertrittst.

Innovation ist nichts, worüber sich nur bestimmte Typen von Führungskräften Gedanken machen sollten. Es ist etwas, das tief in das Denk- und Verhaltensmuster eines jeden Menschen integriert sein sollte. Ein Limit ist häufig nur fiktiver Natur. Nun müssen wir nur noch darüber hinausdenken.

Es ist nicht immer leicht, die Angst vor dem Erfolg wahrzunehmen. Doch es gibt Symptome, die darauf hindeuten, dass jemand durch diese Angst blockiert sein könnte: Ein Mangel an Ehrgeiz. Menschen mit sehr geringen Ambitionen sind der festen Ansicht, dass sie niemals nennenswerte Fortschritte in Richtung Erfolg machen werden.

3. **Zögerlichkeit:**

Das Verschieben von Aufgaben bis zum letztmöglichen Augenblick bedeutet, dass Menschen nicht ihre beste oder gewissenhafteste Arbeit leisten können, was letztendlich ihre Erfolgschancen beeinträchtigen kann.

Selbstbehinderung: Menschen, die Angst vor Erfolg haben, können sich selbst Hindernisse in den Weg stellen und ihre Erfolgschancen verringern. Selbstzerstörerische Gewohnheiten können von marginaler Selbstsabotage bis hin zu extremeren selbstzerstörerischen Aktivitäten reichen. Viele Menschen geben auf und konterkarieren ihre eigene Leistung, indem sie genau dann aufhören, wenn sie auf dem Weg zum Erfolg sind.

Das Phänomen ist zu komplex, um diese Vorgänge durch bloße Erfolgsangst zu begründen. Sie können als Faulheit, Lustlosigkeit und mangelnde Disziplin auftreten. Diese Angst, in welcher Form auch immer, hindert Menschen daran, ihr Leben in vollen Zügen auszukosten.

ÜBER DEN TELLERRAND BLICKEN, DEN UMFANG ERFASSEN

Über den Tellerrand hinaus zu denken, bedeutet weit mehr, als ein bloßes Klischee aus der Geschäftswelt. Es beinhaltet, Schwierigkeiten auf neuartige Weise anzugehen, Probleme zu überdenken. Eine Position in Bezug auf einen bestimmten Umstand auf eine unkonventionelle Art zu erfassen, welche man nie zuvor in Betracht gezogen hat. Ironischerweise ist es bereits ein Klischee, über klischeehafte Situationen auf nicht klischeehafte Weise nachzudenken.

Uns wird oft geraten, ›über den Tellerrand hinaus zu blicken‹, aber wie genau stellen wir das an? Wie kultivieren wir die Fähigkeit, Probleme anders als gewohnt anzugehen? Wie entwickeln wir die Fähigkeit, Dinge in einem anderen Licht zu betrachten?

Das Denken über den Tellerrand hinaus beginnt idealerweise bereits lange, bevor wir uns in einer festgefahrenen Situation wiederfinden. Das heißt, lange bevor wir auf einen einzigartigen Umstand stoßen und versuchen, diesen auf eine vertraute Weise zu bewältigen. Wenigstens neigen wir dazu, zu glauben, dass wir bereits wissen, wie man eine solche Sache anpackt.

Querdenken bedeutet, Probleme auf neue Weise anzugehen, frei und fantasievoll zu denken und den Status quo regelmäßig in Frage zu stellen. Laut Francesca Gino, Professorin an der Harvard-Business-School, ist unkonventionelles Denken ›konstruktives Nichtkonformitätsverhalten‹. Dies ist der Fall, wenn beispielsweise ein Mitarbeiter von organisatorischen Regeln oder allgemeinen Erwartungen abweicht, um dem Unternehmen zu nützen.

Unkonventionelles Denken wird seltener angewandt, als man denkt. Laut einer Studie gaben weniger als 10 % von 1.000 Mitarbeitern in einer Vielzahl von Branchen an, in Unternehmen zu arbeiten, welche eine unkonventionelle Philosophie und darauf aufbauendes Handeln fördern. Darüber hinaus führte das Harvard-Business-Review eine interne Umfrage durch, in der Mitarbeiter gefragt wurden, wie oft Führungskräfte den Status quo in Frage stellten oder ihre Teams aufforderten, über den Tellerrand hinauszublicken. Nur 29 % sagten „häufig“ oder „immer“, 42 % gaben „nie“ oder „fast nie“ an und 32 % gaben „gelegentlich” zu Protokoll.

Obgleich der Wunsch, über den Tellerrand hinauszublicken, stark ausgeprägt ist, verbrachte man zuletzt mehr Zeit damit, mit Organisationen an deren Weiterentwicklungs- und

Innovationsplänen zu arbeiten, als mit fast allen anderen Aspekten. Die Kluft zwischen dem, was wir sagen und dem, was wir umsetzen, ist in Bezug auf das Hinterfragen des Status Quo geradezu verblüffend groß.

Selbst wenn sie begabte, rationale Denker sind, verlassen sich die meisten erfolgreichen Menschen auf ihr sogenanntes irrationales Denken jenseits des Tellerrandes, um auf Kurs zu bleiben und erfolgreich zu sein. Sie verstehen, ohne den geringsten Zweifel, dass sie nicht limitiert werden dürfen, sofern sie ihre Ziele erreichen wollen.

Sie betrachten diese Denkweise als Stärke und Geheimwaffe. Sie verfolgen ihre Interessen, indem sie ihrer Intuition vertrauen. Sie setzen auf ihr Bauchgefühl, das Vorrang vor jedem rationalen Gedanken hat und es ihnen ermöglicht, sich später auf die Antwort zu konzentrieren, die sie im weiteren Verlauf benötigen. Viele der Errungenschaften, die wir jetzt haben, würden ohne diese Art von irrationalem Denken nicht existieren.

Der Platz in einer Denkschublade ist begrenzt, weshalb sie eigentlich meist ziemlich überfüllt ist. Viele Menschen führen immer wieder die gleichen Dinge aus, was es schwierig macht, zwischen diesen zu unterscheiden. Sie sind nur eine weitere grüne Murmel in einem Meer aus grünen Murmeln.

Erfolgreiche Menschen denken ständig über den Tellerrand hinaus. Sei es in geschäftlichen Angelegenheiten, im Marketing oder mit Umgang mit Kunden. Sich von konventionell vorgehenden Menschen abzugrenzen, ist entscheidend, wenn man seine Ziele verwirklichen will.

WAS MENSCHEN ANTREIBT, DIE ÜBER DEN TELLERRAND HINAUS BLICKEN

1. Wir alle sind Teil einer evolutionären Erfolgsgeschichte und stammen von Generationen erfolgreicher Vorfahren ab. Wir haben ihre Leidenschaften geerbt, die zu ihrem Überleben, ihrem Erfolg und schlussendlich zu unserer Existenz geführt haben.

2. Doch manchmal treiben uns dieselben Leidenschaften, oft blindlings, zu einer nie endenden Suche nach Überleben, Anerkennung und Platz. Auch der emotionale Eifer, der uns in unserem Leben vorantreibt, spielt dabei eine Rolle.

3. Wir sitzen einem weit verbreiteten Missverständnis auf: Dass das Denken über den Tellerrand hinaus eine Kraft ist, welche Logik und Vernunft diametral gegenüber steht. Wir betrachten dies als etwas, das gezähmt oder überwunden werden muss, aber erfolgreiche Menschen verstehen, dass, richtig interpretiert, diese Art des Denkens eine klare Logik mit einem klaren Ziel beinhaltet.

4. Leidenschaft treibt die Art von Verrücktheit an, von der ich spreche: Nämlich den Wunsch, etwas zu bewegen, etwas Besonderes zu erschaffen und erfolgreich zu sein.

Die richtige Mischung finden.

Für erfolgreiche Menschen, wie Unternehmer und Geschäftsleute, ist es von entscheidender Bedeutung, an etwas zu arbeiten, das ihnen Spaß macht, um kreativ zu denken. Es fördert ihre Motivation und hält sie angesichts unvermeidlicher Rückschläge auf Kurs.

Wenn eine besonnene Person der Überzeugung ist, dass es unmöglich ist, weiterzukommen, dass es keinen weiteren Spielraum gibt oder dass die Aufgabe zu schwierig ist, dann wird diese Person aufgeben. Erfolgreiche Menschen hingegen werden das nicht tun.

Wenn du auf Personen im sozialen Miteinander achtest, wirst du feststellen, dass die klügste und erfolgreichste Person im Raum oft mehr zuhört als spricht. Es ist nicht so, dass sie nichts zu sagen hätte – vielmehr erkennt sie, dass sie durch Zuhören mehr lernen kann.

Die unverzichtbaren Zutaten

Die meisten erfolgreichen Menschen haben sich dabei viel Wissen angeeignet und viele von ihnen denken bevorzugt auf eine unkonventionelle Weise. Sie realisieren, dass sie neue Wege beschreiten müssen, um weiter zu expandieren.

Sie sind ziemlich stolz auf dieses Mindset und verstehen, welchen Stellenwert das Erreichen ihrer Ziele einnimmt. Das motiviert sie, mehr zu geben und sich stetig zu verbessern. Um solch eine perfekte Balance zu erreichen, muss man geerdet sein.

Sie haben sich bewusst entschieden, unlogisch oder nicht. Sie sind der Überzeugung, dass Leistung der einzige Weg ist. Alle erfolgreichen Menschen, die wir kennen, haben dies aufgrund ihres innovativen Denkens, ihrer unerschütterlichen Ausdauer und ihres ungezügelten Enthusiasmus vollbracht.

Fähigkeiten sind wichtig, aber die wichtigsten Elemente sind „out of the box"-Denken, irrationaler Eifer und hohe Ausdauer.

Zusammenfassend lässt sich sagen, dass erfolgreiche Menschen sich auf eine gewisse Irrationalität einlassen müssen, um ihre Chancen auf langfristigen und anhaltenden Erfolg zu maximieren. Was auch immer wir tun, wir sollten versuchen, anders zu denken als der Rest der Welt – und wenn es an der Zeit ist, das verfolgen, wofür wir brennen.

NACH DEN REGELN SPIELEN

Gesellschaftliche Normen sind wesentlich subjektiver als gesetzliche Regelungen, da sie sich mit komplizierten Problemen wie Ethik und Moral befassen. Selbst wenn du starke Gefühle für etwas hegst, können bestimmte Umstände eintreten, die deine Meinung ändern.

Beispielsweise machen wir Menschen, die ihren Ehepartner betrügen, üblicherweise keine Vorwürfe, aber wenn jemand aus dem unmittelbaren Umfeld betroffen ist, könnte unsere Reaktion anders ausfallen.

Obwohl wir glauben, dass Menschen andere mit Respekt behandeln sollten, wissen wir, dass wir diesem Ideal weit hinterherhinken.

Als Ergebnis dessen lässt sich beobachten, wie gesellschaftliche Normen durch Kontext und Perspektive beeinflusst werden. Dies sind Standards, die wir gelegentlich verletzen, uns schrecklich fühlen, verstehen, dass wir Menschen sind und uns selbst vergeben – selbst wenn Menschen, denen wir Unrecht getan haben, dies möglicherweise nicht tun würden.

Keiner dieser selbst auferlegten Standards hat etwas mit Ethik, Moral oder Überzeugung zu tun. Es geht jedoch um den Versuch, eine chaotische und beängstigende Welt oder wenigstens den eigenen Arbeitsplatz zu kontrollieren. Indem wir diese willkürlichen Grenzen festlegen, täuschen wir uns vor, dass wir eine gewisse Kontrolle wiedererlangt haben. In Wahrheit ist alles, was wir damit erreicht haben, unseren Erfolg und unser Potenzial einzuschränken. Womit wir beim Begriff Selbstbeherrschung angelangt wären.

Nun, um zum ursprünglichen Thema zurückzukehren, sollten wir uns an die Vorschriften halten oder nicht? Zweifellos gibt es gesetzliche Vorgaben. Doch die Frage, der wir uns hier stellen, bezieht sich auf gesellschaftliche Vorgaben. Die Antwort lautet: Niemals, wenn du ein erfolgreicher Manager sein möchtest. Keinesfalls!

Unternehmer brechen die Regeln.

Unternehmer entlarven unaufhörlich Paradigmen als Illusionen. Wie man beim Aufbau eigener Marken erfolgreich sein kann. Wie man eine gewinnorientierte Strategie fährt, auf welche Weise sich ein Neuling verhalten kann oder wie man ungeachtet der eigenen Angst dennoch aktiv wird.

Was wir noch nicht besprochen haben, ist, WARUM die erfolgreichsten Unternehmer anscheinend Regeln brechen. Vielleicht glaubst du bereits zu wissen, wie man zu unterschiedlichen Resultaten gelangen und die damit verbundenen revolutionären Konzepte erkennen kann?

Ja, das mag sein. Mitunter, aber dies ist lediglich ein Teil des Ganzen. Die wahre Motivation für das Brechen von Regeln ist sowohl einfacher als auch komplexer Natur.

Es gibt faktisch keine Regeln.

Ehrlich gesagt bin ich der Ansicht, dass wir das alle wissen, jedoch nicht immer wissen wollen. Sollte es nicht schließlich Grundregeln geben? Gibt es nicht irgendeine Autorität da draußen, die uns beibringt, was wir alle im Geschäftsleben ›sollten‹, so dass es Aufsehen erregt, wenn jemand abweichend handelt?

Leute, dies ist quasi die Fortsetzung von *The Matrix.* Es gibt keinen Löffel und es gibt keine Richtlinien. Du kannst erfolgreich alles tun – auf jede erdenkliche Art und Weise, sobald du deine Bestimmung gefunden hast.

Profis, Coaches für Analphabeten oder auch Geistheiler sind Beispiele für erfolgreiche Unternehmer. Meinst du wirklich, diese Leute hätten ein erfolgreiches Unternehmen gründen können, wenn sie sich an die Regeln gehalten hätten?

Dasselbe gilt für dich. Je mehr Regeln du zu finden und befolgen versucht bist, desto unwahrscheinlicher ist es, dass du geschäftlich erfolgreich wirst.

Verstehe mich nicht falsch: Du musst sicher keine verrückte, bis dato unbekannte Idee verfolgen, um dich für das Brechen der Regeln zu qualifizieren. Es spielt keine Rolle, welche Art von Geschäft du aufbauen willst: Ich möchte, dass du erkennst, dass du dein Unternehmen auf deine eigene Weise aufbauen musst. Selbst wenn es Regeln gäbe (die es nicht gibt!), wärst du davon ausgenommen.

Ich verstehe, warum Regeln so reizvoll sein können. Wenn du eine wichtige Entscheidung, wie die Gründung oder das dynamische Wachstum eines Unternehmens in Betracht ziehst, können diese Regeln dir ein sicheres Gefühl geben. Du glaubst, wenn du dich an den Fahrplan hältst, gelangst du ans Ziel. Das war nie der Fall und wird nie der Fall sein, nicht zum Guten und nicht zum Schlechten. Niemand, der jemals Erfolge erzielt hat, die über seine kühnsten Träume hinausgingen, hat dies jemals erreicht, indem er sich zurücklehnte und sich fragte: „Was sind die Regeln?" Kannst du dir vorstellen, dass Steve Jobs oder Jeff Bezos sich darum kümmern, was andere tun?

Dies bedeutet, dass das Googeln von „Was soll ich mit X tun?" oder „Was hat [hier berühmten Unternehmer einfügen] mit Y gemacht?" bei deiner nächsten schwierigen Entscheidung nur wenig bis nichts zu deinem Erfolg beitragen wird. Du wirst viele tolle Antworten darüber finden, was andere Leute getan haben, was für Kontext und Inspiration hilfreich sein kann, aber ich würde nicht empfehlen, dies blind nachzuahmen, nur weil sie darüber geschrieben haben.

Diese Leute haben eine Methode gefunden, welche für sie funktioniert, was großartig ist, aber es bedeutet nicht, dass du mit dem gleichen Ansatz den gleichen Erfolg haben wirst. Versuche stattdessen Folgendes: Wann immer du eine Entscheidung treffen musst, tu es einfach! So wird dieses Vorgehen mit der Zeit zu deiner Regel.

Der einzige Weg, sich mit dem Treffen von Entscheidungen vertraut zu machen, besteht darin, sie zu treffen, und je mehr du diesen Vorgang trainierst, desto mehr Autorität gewinnst du in deinem Bereich hinzu. Du baust kein eigenes Geschäft auf, wenn du dich auf die ›Regeln‹ anderer verlässt. Du kreierst deine eigenen Regeln.

Never Applied
?
Should I apply for a job
I am not qualified for?
My-mindguide.com

TRAUE DICH, ANDERS ZU SEIN

Die Menschen glauben, dass die Gründung eines Unternehmens, anstatt für jemand anderen zu arbeiten, die riskantere Option ist und dass dies um jeden Preis vermieden werden sollte.

Vielleicht haben die Leute nicht Unrecht: Die Navigation durch die Gewässer des Geschäftslebens birgt zahlreiche Schwierigkeiten. Viele Menschen haben dies versucht und sind daran gescheitert, etwas aufzubauen. Doch das Problem liegt nicht im Scheitern. Es ist die Unfähigkeit, wieder aufzustehen und es erneut zu versuchen, bis etwas funktioniert. Nur weil viele Menschen als Unternehmer scheitern, heißt das nicht, dass du die gleiche Denkweise verfolgen musst. Das Risiko des Scheiterns wird immer bestehen. Es ist wichtig, dies zu erkennen und zu verinnerlichen, schließlich wurde noch nie eine wirklich erfolgreiche Firma über Nacht aufgebaut.

Uns wird nicht beigebracht, auf eigene Faust anzufangen, stattdessen werden wir darauf trainiert, das zu wiederholen, was bereits getan wurde und die Kunst zu perfektionieren, den Status Quo aufrechtzuerhalten. Kindern wird beigebracht, die Regeln zu befolgen, Formeln auswendig zu lernen und bei Beurteilungen gut abzuschneiden. Ihnen wird nahegelegt, sich einzufügen und eher ein passiver Mitläufer als ein initiierender Anführer zu werden.

Es gibt keine andere Möglichkeit, als Grenzen auszuloten. Dies bedeutet, es weiter zu versuchen, immer wieder aufzustehen, nachdem man heruntergedrückt wurde und die Tatsache zu akzeptieren, dass ein Scheitern ein Beweis für Bemühungen ist. Probieren ist besser als tatenlos zusehen.

Das Wichtigste ist, den ersten Schritt zu gehen. Gehe hinaus und verwirkliche deine Träume!

Stoße mit einem Stock auf das unbekannte Tier. Experimentiere mit verschiedenen Marketingansätzen. Es immer und immer wieder zu versuchen, kann zu zahlreichen Fehlern führen, aber irgendwann bleibt etwas hängen. Gehe voran und tue etwas, was du schon immer tun wolltest. Das ist der schwierigste Teil: gehen, tun, beginnen, initiieren.

Jeder Mensch, der jemals gelebt hat oder jemals leben wird, ist einzigartig. Du bist wirklich ein einzigartiges Individuum. Wir alle wissen, dass wir die üblichen Kleinigkeiten teilen: Etwa wesentliche Körperteile. Ein Kopf, ein Herz und ein Gehirn. Aber hier enden die Gemeinsamkeiten.

Deine Lebenserfahrungen haben dich zu dem Menschen geformt, der du jetzt bist. Die Art und Weise, wie dich deine Eltern erzogen haben, und die Lektionen, welche du als Jugendlicher gelernt hast, haben dich geprägt und vom Rest der Bevölkerung abgehoben. Vielleicht hast du bestimmte Dinge auf ähnliche Weise wie andere Kinder gelernt, wie Respekt vor

Anderen, die Notwendigkeit, dein Zimmer aufzuräumen oder zweimal täglich die Zähne putzen. Du wirst jedoch viele Dinge gelernt haben, die anderen Kindern nicht beigebracht wurden. Zum Beispiel, wie man sich um einen Hasen kümmert, ein Musikinstrument spielt, eine Festung im Wald baut oder komplexe mathematische Probleme löst.

Du bist einzigartig, aufgrund der Mischung aus allem, was du gelernt hast und allem, was du getan hast. Andere besitzen vielleicht einige deiner Fähigkeiten und Fertigkeiten, aber niemand ist genau wie du. Es ist ähnlich wie mit einem Künstler, der ein Bild malt. Selbst, wenn ein anderer Künstler versuchen würde, es zu reproduzieren, wäre es nie identisch. Es wären unterschiedliche Pinselstriche oder Farbmischungen verwendet worden und jedes Meisterwerk hätte sich zu einem Unikat entwickelt.

Nun, da du einzigartig bist, warum schätzt du es nicht gebührend? Traue dich, du selbst zu sein, unabhängig davon, was andere darüber denken mögen.

Wage es, von der Norm abzuweichen, um eine zielführende und innovative Vision zu verwirklichen und dabei die Missionare des Gewöhnlichen, samt ihrer Sklaven der Konformität abzuwehren.

1. Weiche von der Norm ab.

In den Klassenzimmern wird uns beigebracht, uns anzupassen, so zu sein, wie alle anderen. Es ist so weit gekommen, dass einige Lehrer sich weigern, Schülern, die an Schulsporttagen den ersten Platz belegen, Auszeichnungen zu verleihen, weil sie befürchten, dass andere, die zurückfallen, sich anders und ›ausgegrenzt‹ fühlen. Damit der kleine Corey nicht enttäuscht ist, weil der kleine Johnny einen Pokal bekommen hat, haben einige Schulen die Sporttage komplett aufgegeben.

Das ist völlig lächerlich. In Wirklichkeit ist Little Johnny ein schnellerer Läufer als Corey. Corey hingegen ist ein weitaus besserer Mathematiker als Johnny. Diese Unterschiede müssen geschätzt und gefördert werden. Die Tatsache, dass wir alle einzigartig sind, macht uns so erstaunlich und außergewöhnlich.

2. Anders sein fördert Innovationen und kreatives Denken. Der Irrglaube, dass alle gleich sein sollten, tötet Kreativität und individuelles Denken. Wie weit wären wir gekommen, wenn Albert Einstein denselben Regeln gefolgt wäre, wie seine Zeitgenossen? Er wagte es, über den Tellerrand hinaus zu denken. Man könnte sogar sagen, er wagte es zu *denken*. Allein der Beitrag dieses einen Mannes hat die Welt zu einem erheblich besseren Ort gemacht. Natürlich gibt und gab es noch viele andere mehr, aber wenn es nach einigen heutigen Lehrern geht, werden diese Personen zu einer Seltenheit.

Erfreue dich also daran, dass du einzigartig bist und etwas Eigenes zur Welt beitragen kannst. Ob es dir bewusst ist oder nicht, dein Leben und deine Anwesenheit hier hat andere beeinflusst. Diejenigen, die dir wichtig waren, und diejenigen, die sich um dich sorgten, werden auf eine Weise verändert worden sein, die ohne deine Existenz undenkbar gewesen wäre.

Wir sitzen alle im selben Boot. Wir alle wollen etwas Wunderbares im Leben anstreben, aber wir neigen dazu, eher den Pfaden anderer als unseren eigenen zu folgen.

Anderen Menschen nachzulaufen, würde dich niemals an unvergleichliche Orte führen. Entwickle daraus einen eigenen Weg zum Erfolg im Leben.

Lasse dich nicht zum Sklaven machen. Erkenne deinen Wert und übernehme die Kontrolle über dein Schicksal. Schätze, wer du bist, was du hast und was dich von anderen abhebt. Erstelle deine eigene Route, überwinde Hindernisse, lerne dich selbst kennen und sei mit dir im Reinen.

Sei stolz auf deine Individualität. Du bist ein einzigartiges Individuum, keine Kopie eines anderen. Gott hat dich mit verschiedenen Eigenschaften ausgestattet. Jeder Mensch auf dem Planeten hat ein einzigartiges Gesicht und eine einzigartige Identität, die von Gott geschaffen wurde. Also höre auf, andere zu kopieren, und beginne damit, du selbst zu sein.

Ziehe die richtigen Leute und Dinge an. Es spielt keine Rolle, ob du klein, groß, blond oder dunkelhaarig bist. Du trägst einzigartige Qualitäten in dir. Erkenne deinen Wert. Gott hat dich für einen bestimmten Zweck geschaffen. Sich selbst genau so anzunehmen, wie Gott einen geschaffen hat, ist ein Segen. Es ist ein Geschenk, sich von der Masse abzuheben.

Höre auf, dein Leben mit dem anderer zu vergleichen. Wenn du akzeptierst, was andere dir sagen, wirst du nicht von der Norm wegkommen. Die Menschen werden nie aufhören können, sich gegenseitig zu bewerten. Es liegt an dir, dich dem Unbekannten zu stellen und dein Denken zu überwinden, um dich selbst akzeptieren zu können. Du hast eine ganz eigene Geschichte zu erzählen. Lass dir von der Gesellschaft nicht sagen, wer du bist. Folge deinem eigenen Weg!

Wie sehen deine Zukunftspläne aus? Falls du für eine Organisation oder eine Abteilung innerhalb einer Firma verantwortlich sein solltest, wohin führt deiner Ansicht nach der Weg dieser Firma? Wie gestaltest du deinen Alltag? In einer freien Welt, wie sie die meisten von uns glücklicherweise bewohnen, sind dem, was man tun kann, prinzipiell keine Grenzen gesetzt. Du kannst im Leben erfolgreich sein und deine wildesten Pläne in die Tat umsetzen. Um dies zu erreichen, musst du jedoch lernen, ein bestimmtes Verhalten an den Tag zu legen.

Es existieren Ursachen und Auswirkungen in allen Aspekten menschlicher Leistung. Es gibt sowohl Aktionen als auch Reaktionen. Säen und ernten sind zwei verschiedene Dinge. Zudem müssen Taten Wirkungen vorausgehen, so wie die Aussaat der Ernte vorausgeht. Um diese grundlegenden, sinnvollen Zusammenhänge dreht sich die Welt.

Gene, Schicksal und äußere Umstände spielen in der Erfolgsgleichung nur eine untergeordnete Rolle. Dabei macht es keinen Unterschied, welche Gene man besitzt. Wenn man das richtige Saatgut verwendet, wird man die besten Früchte ernten. Infolgedessen ist das Gewinnen ein Effekt, der aufgrund bestimmter Aktivitäten auftritt. Gene, Schicksal und äußere Bedingungen beeinflussen die Leistungsgleichung nur geringfügig.

3. **Gewinner tun keine anderen Dinge - sie tun Dinge nur auf andere Weise.**

Die Sieger und Champions in allen Bereichen des menschlichen Strebens erreichen nicht immer die gleichen Resultate. Sie gehen die Dinge jedoch immer individuell an. Erfolgreiche

Verkäufer verkaufen in der Regel die gleichen Produkte wie erfolglose Verkäufer. Sie triumphieren, weil sie einen anderen Ansatz verfolgen. Ein gutes Beispiel sind Agenten in der Versicherungsbranche. Dieselben Firmen verkaufen dieselbe Produktauswahl zum selben Preis. Während die meisten Agenten kläglich scheitern, haben andere beachtliche Erfolge. Tiger Woods folgt den gleichen Regeln wie andere Golfer, aber er ist ein Champion, weil er unterschiedliche Schläge beherrscht. Krankenhäuser und andere Dienstleistungsorganisationen bieten vergleichbare Serviceleistungen an, doch einige sind erfolgreich, während andere scheitern. Supermärkte und andere Einzelhandelsgeschäfte bilden keine Ausnahme.

Gewinner sind erfolgreich, weil sie keine Angst davor haben, anders zu sein. Sie wagen es, in einer Welt aufzufallen, in der es viel zu viele Nachahmer gibt. Differenzierung ist eine bewusste Strategie der Gewinner. Wenn die Mittelmäßigen und Verlierer den Weg der Gemeinsamkeit wählen, entscheiden sie sich, die einfachere Route zu bereisen und sich zusammen durch das enge Tor hindurchzuquetschen.

Für Gewinner ist jeder Tag ein besonderer Tag, jede Aufgabe eine einzigartige Aufgabe und jede Begegnung eine Chance für Wachstum. Es gibt keine profanen Aufgaben oder kleine Randnotizen für einen Gewinner. Jede Chance wird als lebensverändernde Gelegenheit begriffen.

Darüber hinaus nehmen Gewinnerteams jedes Spiel ernst, insbesondere die sogenannten ›kleinen Spiele‹, und vermeiden Selbstgefälligkeit, die der größte Feind der Exzellenz ist. Kleine Verpflichtungen werden mit der gleichen Sorgfalt behandelt, als ob die Zukunft von ihnen abhinge. Die Gewinner erkennen, dass Genauigkeit in kleinen Dingen die Quintessenz von Exzellenz und Disziplin darstellt, während die Mittelmäßigen und Verlierer Kleinigkeiten abschätzig, lässig und sogar spöttisch behandeln. Infolgedessen verdienen sich die Gewinner einen Ruf der Elite und indem sie permanent nach dem Maximum streben, machen sie außergewöhnliche Leistung zu ihrer Norm und Gewohnheit.

4. Gewinner erledigen Dinge, denen Verlierer lieber aus dem Weg gehen.

Das typischste Merkmal eines Gewinners besteht darin, dass er Dinge verrichtet, die Verlierer verachten. Es gibt einfach zu viele Menschen, die um die niedrigen Früchte und einfachen Freuden des Lebens wetteifern. Wenn die Herausforderung gering ist und die Belohnungen niedrig, dann ist der Wettbewerb immer hart. Es ist, als würde man versuchen, Fische in einem Teich zu fangen, wenn ein See in der Nähe ist. Wie die meisten Menschen jedoch im Laufe ihres Lebens lernen, befindet sich die süßeste Frucht normalerweise weiter oben am Baum. Es ist deshalb erforderlich, auf den Baum zu klettern, um die besten Früchte zu pflücken. Infolgedessen hat Schweiß Vorrang vor kleinen Belohnungen. Es ist der Schweiß der Anstrengung, den die Verlierer scheuen.

Da die meisten Personen nicht bereit sind, die Extrameile zu gehen, entscheiden sich die Gewinner bewusst dafür, genau das zu tun. Da auf der Extrameile kein Verkehr herrscht, zahlt sich das immer aus. Während die meisten Firmen beispielsweise ein Primärprodukt anbieten, ergänzen die Gewinnerunternehmen ihre Kernartikel mit After-Sales-Support und einer Menge zusätzlicher kleiner Extras, die dem Käufer ein Gefühl des Besonderen vermitteln.

5. **Gewinner konzentrieren sich auf den Fortschritt, während Verlierer über den dafür betriebenen Aufwand klagen.**

Siegertypen wissen, wie wichtig es ist, die komplette Aufmerksamkeit herausfordernden Aufgaben zu widmen, welche letztendlich die Konturen des Lebens prägen. Auf der anderen Seite überfluten Verlierer ihre Gedanken mit Bildern und Gedanken über das Leiden, das sie ertragen müssen, um etwas Besonderes zu erreichen. Gewinner können Problemen mit Würde begegnen, weil sie sich auf den Fortschritt und die Belohnungen konzentrieren. Auf der anderen Seite erliegen Verlierer dem natürlichen Bedürfnis, Unannehmlichkeiten zu vermeiden und zu minimieren. Als Ergebnis ihrer Bemühungen erhalten die Gewinner eine Prämie. Dies wird die Motivation des Gewinners erhöhen, Dinge zu tun, welche die Mehrheit vermeidet. Infolgedessen beginnt für den Gewinner eine Dynamik des Erfolgs. Das Gewinnen wird nun zur Gewohnheit. Der Verlierer ist sich seines Leidens ständig bewusst und befindet sich ebenfalls in einer Dynamik – einer Dynamik des fortwährenden Scheiterns. Die schreckliche Wahrheit lautet, dass die meisten Menschen in etwa wissen, was sie tun müssen, um ihre Lebensbedingungen zu ändern, aber sie sind zu abhängig von der Bequemlichkeit des Verlierers. Verlieren wird für den Verlierer nun zur Gewohnheit. Infolgedessen sind sowohl das Gewinnen als auch das Verlieren für beide Seiten zur Gewohnheit geworden.

Die Hauptsache ist, dass Gewinner sich in den Dingen auszeichnen, welche Verlierer tunlichst vermeiden – Überstunden zu verrichten, während alle anderen schlafen, wäre eine Möglichkeit, um den Hebel anzusetzen. Obgleich man vielleicht nicht mehr jung ist, kann es notwendig sein, zur Schule zurückzukehren. Es kann manchmal bedeuten, das eigene Leben und Vermögen aufs Spiel zu setzen. Manchmal ist es eine Kombination aus Erfindungsreichtum und Ausdauer. Den Erfolgsschlüssel gibt es in verschiedenen Formen und Variationen.

Es geht um eine bewusste Entscheidung dafür, einzigartig zu sein. Mache es dir zur Lebensaufgabe, die Chancen und Belohnungen zu suchen, aufzuspüren und für dich zu nutzen. Diese zeigen sich meist genau dann, wenn du die herausfordernden Aktivitäten ausführst, welche die Masse der Leute scheut.

Du möchtest ein Leader sein und dich von der Herde abheben? Dann solltest du Folgendes tun:

6. **Glaube an dich selbst.**

Beginne damit, an dich selbst zu glauben. Fange damit an, dich selbst kennenzulernen. Handle so, wie es dir dein Inneres sagt und nicht nach dem, was andere empfehlen. Akzeptiere deine Stärken neben deinen Schwächen. Erlange so ein besseres Selbstverständnis und tue, was für dich das Beste ist.

Einfacher Glaube kann einen signifikanten Unterschied in deinem Leben ausmachen.

Du bist das Vorbild für dich selbst. Alles ist im Leben erreichbar, wenn du an dich glaubst. Unabhängig davon, was andere sagen, hältst du an dem fest, was dich dem Erreichen deiner Ziele näherbringt. Schlage eine Richtung ein und bleibe dabei. Gehe einen Schritt und führe eine Veränderung herbei. Sitze nicht einfach da und stelle es dir bloß vor. Lasse dich nicht von Ängsten dabei bremsen, Maßnahmen zu ergreifen. Überwinde Hindernisse auf dem Weg zum Erfolg, habe Vertrauen und glaube fest an deine Möglichkeiten.

Es gibt keine geheime Zutat für ein Erfolgsrezept. Alles, was du tun musst, ist unbeirrbar an deinen Weg zu glauben.

7. **Höre nicht auf die Meinungen Dritter.**

Höre jetzt damit auf – unverzüglich. Niemand kennt dich besser als du selbst. Du weißt alles, was es über dich zu wissen gibt. Du bist dir deiner Macht, Stärken, Schwächen, Fehler und allem anderen bewusst. Du weißt, welche Schritte zu unternehmen sind, um dorthin zu gelangen, wo du hin willst.

Es ist einfach, Ratschläge zu geben, aber es ist deutlich schwieriger, danach zu handeln. Menschen bieten Ratschläge auf der Grundlage ihrer eigenen Erfahrungen an, auch wenn sie deine Erfahrungen nicht einschätzen können. Hör also auf deinen Instinkt, welcher dich effektiv voranbringt. Achte auf deine innere Stimme. Deine Instinkte sind nur dir bekannt, behalte dies stets im Hinterkopf.

Entwickle den Mut, deiner Intuition und deinem Herzen zu folgen. Stelle dich der Gefahr und harre der unweigerlich auftretenden Widrigkeiten. Werde dein eigener Held. Der Rest ist zweitrangig, da du ein klares Ziel vor Augen hast.

8. **Grüble nicht übermäßig.**

Denke an die Gegenwart. Kümmere dich nicht um die Vergangenheit oder die Zukunft. Überlege stattdessen, was du heute verändern kannst, um morgen zu einem besseren Tag zu machen. Ergreife die erforderlichen Maßnahmen, um deine Karriere voranzutreiben. Evaluiere deine Optionen, aber hör auf, ewig darüber zu sinnieren – werde stattdessen aktiv.

Beruhige deine Gedanken. Lass dich nicht auf einen falschen Pfad leiten. Dies würde in eine Sackgasse münden und es gingen zusätzliche Probleme damit einher. Also, verlasse dich auf dein Bauchgefühl. Beruhige deine rasenden Gedanken und bürde dir nicht die Last der Probleme von gestern auf. Diese würden deinen Geist und deine Emotionen sinnlos belasten.

Arbeite nach und nach an deinen Gedanken und überwinde diese. Tue primär, was dir richtig erscheint und was dein Herz dir sagt. Dein Herz, das verspreche ich, wird dich in die richtige Richtung führen.

9. **Verrate niemandem deinen nächstfolgenden Schritt.**
Erzähle nicht jedem alles. Behalte ein paar Geheimnisse für dich. Wenn du große Dinge erreichen willst, arbeite im Stillen. Gehe deinen Weg auf leisen Sohlen – ohne es jemandem zu sagen, verfolgst du rigoros deine Ziele.

Menschen existieren, um dich anzugreifen und Zweifel zu säen, weshalb das offene Sprechen über deine Ziele und den Weg dorthin deine Erfolgschancen mindert. Es ist also an der Zeit, deine Ambitionen für dich zu behalten, bis du Fakten geschaffen hast. Niemand wird dich aufhalten können, wenn dein Weg nur dir bekannt ist.

10. **Lerne kontinuierlich hinzu.**
Das Leben ist ein kontinuierlicher Lernprozess. Es ist keineswegs so, dass du eine Prüfung ablegst, ein Zertifikat bekommst und dann am Ziel bist. Dein komplettes Leben ist eine einzige, große Lernerfahrung. Jeder Schritt gibt dir weitere Hinweise. Höre deshalb nie auf zu lernen und strebe konstant nach mehr Wissen.

Du hast die Möglichkeit, jeden Tag etwas Neues zu erlernen. Nutze also jede Gelegenheit zum Studium des Lebens. Lerne etwas Neues und demonstriere deinen Wert. Setze dir tägliche Ziele und arbeite konstant daran. Vom kleinsten Detail bis zum größten Faktor gibt es stets etwas zu lernen. Erstelle deshalb Notizen zu allem, was dir in deinem Leben widerfährt. Dies kann etwas vollkommen Profanes sein. Etwa ein neuer, von der Routine abweichender Weg zur Arbeit oder auch:

- Fange an, eine neue Sprache zu erlernen.
- Beginne, dich zu belesen.
- Erlerne, simple Hausreparaturen selbstständig auszuführen.
- Organisiere deinen Schrankinhalt neu.
- Lerne, zu programmieren.

12. Jeder Schritt bietet eine Gelegenheit, Erfahrungen zu sammeln und daran zu wachsen. Lernen ist eine fantastische Möglichkeit, Informationen und Einsichten zu gewinnen. Entwickle dich, probiere neue Dinge aus, stimuliere deinen Intellekt und steige zu neuen Höhen auf. Gehe in deinem eigenen Tempo vor, doch bleibe niemals stehen.

14. **Umgebe dich mit inspirierenden Mitmenschen.**
Es ist elementar, sich mit brillanten Menschen zu umgeben. Wer hat eine klare Vision und arbeitet hart daran, sie Wirklichkeit werden zu lassen? Diese Menschen werden dich ermutigen, deine Ziele zu verfolgen. Suche, zum Beispiel in sozialen Netzwerken, nach Menschen in deiner Nähe, die auf demselben Gebiet tätig sind. Vernetze dich mit Menschen, die in deinen jeweiligen Branchen erfolgreich waren oder sind. Trete mit ihnen ins Gespräch. Schau dir an, wie sie ihre Herausforderungen meistern, und mache dir Notizen zu deren Erfahrungen. Profitiere von positivem Feedback. Stelle eine Gruppe von Menschen zusammen, die dich aktiv voranbringt. Du bist ein Nebenprodukt deiner Umgebung. Wer der Beste sein will, muss sich mit den Besten umgeben.

Deine soziale Gruppe ist dabei entscheidend. Treffe eine fundierte Entscheidung und behalte stets eine optimistische Einstellung bei. Glaube an dich selbst, und du wirst Freude und Erfolg im Leben erfahren.

ERSCHAFFE DEINE MARKE

WAS GENAU IST EINE MARKE?

Es existieren zahllose Missverständnisse darüber, was der Begriff ‹Marke‹ eigentlich genau bedeutet. Es ist weder ein Logo noch ein Jingle. Es ist kein Schlagwort oder Slogan. Deine Marke definiert sich als die Gesamtheit der Eindrücke deiner Zielgruppe von dir. Mit anderen Worten, deine Marke umfasst jede Verbindung, welche du mit deinen Kunden eingehst, von Telefonanrufen über Visitenkarten bis hin zu Websites und erbrachten Dienstleistungen. Wenn du eine persönliche Marke entwickelst, dann definierst du im Wesentlichen die Botschaft, die deine Kunden durch all diese Interaktionen empfangen sollen.

Falls deine Visitenkarten hochwertig und kreativ, deine Website jedoch veraltet ist, fehlerhafte Links aufweist oder dein Kundenservice mangelhaft ist, bekommt der Markt ein zwiespältiges Bild davon, wer du bist. Falls du dich etwa für eine persönliche Marke von ›schnell, umgehend und zeitnah‹ entscheidest, solltest du sicherstellen, dass jede Interaktion genau das widerspiegelt: Rufe zurück, antworte auf Social-Media-Beiträge, halte Termine ein und biete den passenden Kundensupport an. Wenn deine Marke als ›erstklassiger

Concierge-Service‹ definiert werden soll, solltest du keine Gelegenheit auslassen, um Außergewöhnliches zu leisten und immer nach dem Nonplusultra zu streben.

Eine Marke kann alles beinhalten. Die bloße Tatsache, dass sich ein Produkt von einem anderen unterscheiden, ist bereits Branding. Daher ist eine Marke ein Name, eine Idee, ein Design, Symbole, Attribute, ein guter Ruf und Qualität, die ein Merkmal von einem anderen unterscheidet. Aus diesem Grund unterscheidet sich die Identität von Apple beim Verkauf desselben Produkts von der von Samsung. Die gleiche Grundidee, aber anders präsentiert.

DAS KONZEPT DES PERSÖNLICHEN BRANDINGS RICHTIG VERSTEHEN

Die meisten Menschen sind sich der Bekanntheit und des Rufs einer Marke bewusst, aber sie verbinden diese Konzepte nicht immer mit der Entwicklung einer Marke um eine bestimmte Person herum. „Ich bin eine Marke", erklärte Paris Hilton und bezog sich dabei auf ihre Branding-Bemühungen, welche ihren Namen und ihre Produkte berühmt gemacht haben. Jeder kleine Unternehmer, der sich und sein Wissen verkauft, muss eine solide persönliche Marke verkörpern. Der Prozess des Aufbaus deiner öffentlichen Darstellung für deine Zielgruppe wird als Personal Branding bezeichnet. Es bedeutet, deine Werte, Überzeugungen, Ziele und Ambitionen mit Aufmerksamkeit und Präzision zu artikulieren.

Nike zum Beispiel hat eine Marke rund um Sportler, Hochleistungsprodukte und Verbrauchersupport für einen aktiven Lebensstil etabliert. Du siehst passende Elemente dieses

Brandings und alles, was Nike macht, von Zeitschriften- und Fernsehwerbung bis hin zu Social-Media-Profilen, verkörpert ein einheitliches Bild.

Wenn es darum geht, eine persönliche Marke aufzubauen, ist das genau die Strategie, die du verfolgen solltest. Obwohl du keine Anzeigen in Zeitschriften schalten oder Fernsehwerbung präsentieren kannst, solltest du dennoch auf eine schlüssige Außendarstellung achten, wenn du mit deiner Zielgruppe kommunizierst.

DIE ELEMENTE DES PERsÖNLICHEN BRANDINGS

Eine persönliche Marke ist weit mehr als nur ein Logo. Ein Logo ist jedoch ein wesentlicher visueller Bestandteil der Markenentwicklung. Dies ist auch eine Frage der öffentlichen Wahrnehmung. Alles, was du online tust, trägt zum Gesamtbild deiner Marke bei. Ob du einen Blog führst, einen Artikel schreibst oder einen Kommentar abgibst, all diese Aktivitäten beeinflussen maßgeblich, wie andere dich wahrnehmen. Dies ist ein wesentlicher Aspekt des Personal Brandings.

DER AUFBAU VON GESCHÄFTSBEZIEHUNGEN

Wie ein Unternehmen mit seinen Kunden umgeht, ist ein wesentlicher Bestandteil der Reputation. Eine positive und zielführende Online-Interaktion mit Kunden ist entscheidend für den Aufbau einer Online-Reputation.

Kunden erwarten, mit den Personen und Websites zu kommunizieren, mit denen sie online Geschäfte tätigen. Selbst große, multinationale Konzerne haben Twitter-Konten und andere Kommunikationskanäle eingerichtet, um den Eindruck zu erwecken, dass sie mit der Öffentlichkeit in Kontakt treten.

Sämtliche Gespräche müssen zudem sympathisch, höflich und konstruktiv sein, um eine persönliche Marke zu entwickeln.

STRATEGIE FÜR DEIN PERSÖNLICHES BRANDING

Während die meisten persönlichen Marken über die Mehrzahl dieser Elemente verfügen, muss die spezifische Strategie, welche verfolgt werden soll, von der Zielgruppe abhängen, die man ins Visier genommen hat.

Es existieren einige Ausnahmen von den allgemeinen Grundsätzen, welche für Unternehmen gelten können. Die Marke von Donald Trump wurde rund um seinen Lebensstil und die mangelnde Kommunikation mit der breiten Öffentlichkeit gegründet. Andere erfolgreiche Geschäftsinhaber integrieren Zugänglichkeit und Sympathie in ihre Marken, um ihre ideale Zielgruppe anzuziehen.

Überlege aus diesem Grund, was Menschen in ihrem jeweiligen Beruf getan haben, um bekannt zu werden, damit du erkennst, wie deine ideale, persönliche Strategie aussehen sollte. Überlege, auf welche Weise sich diese Strategie zugunsten von mehr Bekanntheit auswirkt und welche Art von Branding dazu passt.

Erstelle einen klaren Plan für die Vorgehensweise, sobald du dich für eine Richtung entschieden hast. Einige Jobs müssen möglicherweise an Spezialisten ausgelagert werden, die besser qualifiziert sind, um den spezifischen Anforderungen gerecht zu werden. Andere können eine tägliche Routine in Bezug auf Personal Branding-Aufgaben erfordern. Deine Marke gewinnt an Bedeutung, sobald die Strategie implementiert ist.

Personal Branding bedeutet, sich selbst in ein Geschäft oder eine Karriere zu verwandeln. Individuelle Fähigkeiten und Fertigkeiten sind in jedem vorhanden und der Zweck des Personal Branding besteht darin, derartige Werte in etwas Vermarktbares zu transformieren. Personal Branding beschreibt den Prozess, eine Marke für Menschen und deren Jobs zu etablieren. Dies ist die Entwicklung des unverwechselbaren Assets, das einem Individuum zuzuordnen ist. Dies umfasst, ist aber nicht beschränkt auf den Körper, die Kleidung, das Aussehen und das enthaltene Know-How. Alle Faktoren wirken sich auf den Gesamteindruck aus.

Beim Personal Branding dreht sich alles um den Mehrwert. Es kommt darauf an, Menschen anzuziehen, Bewunderung und Respekt zu verdienen. Es geht nicht nur darum, bei anderen einen guten ersten Eindruck zu hinterlassen – es geht vielmehr darum, einen nachhaltigen Eindruck zu erwirken.

Drei entscheidende Kernelemente aus diesen Erkenntnissen solltest du verinnerlichen:

Der Prozess ... *Gut Ding will Weile haben.* Diese Abläufe lassen sich nicht über Nacht etablieren. Traditionell sind wir darauf programmiert, jemandem zu folgen, gehorsam zu sein und eigene Aufgaben innerhalb der festgelegten Grenzen oder Richtlinien auszuführen. Alles ist schnelllebig. Personal Branding ist NICHT schnelllebig – es geht um Geduld, Entschlossenheit und konsequente Beharrlichkeit.

Steigere dein intellektuelles Vermögen – was für dich von einzigartigem Wert ist. Jeder Mensch hat oder kann sich drei Formen von intellektuellem Kapital aneignen. Diese erfordern eine Investition in Studium und harte Arbeit, zahlen sich aber für den Rest des Lebens mit einem höheren Einkommen aus. Die erste Art von intellektuellem Kapital, das du erwerben kannst, besteht aus Kernwissen, Fähigkeiten und Fertigkeiten. Diese sind das Ergebnis von Bildung, Erfahrung und Training. Du legst fest, wie gut du deine Arbeit erledigst und welchen Wert dein Beitrag zum Unternehmenserfolg leistet. Dein Wissen, dessen Umfang oder deine Fähigkeit, die Aufgabe auszuführen, kann dir unmöglich genommen werden. Mit einer Ausnahme: Wenn du selbst diesen Verlust hervorrufst. Das Ziel des Personal Brandings ist es, sich für die Menschen, denen du dienst (Deine Kunden, Auftraggeber oder Arbeitgeber), unverwechselbar und einprägsam zu machen.

Jeder kann seine eigene Marke etablieren ... Kleidung, Einstellung, Aussehen, Wissen, Talente und Fähigkeiten können genutzt werden, um aus sich selbst heraus eine Marke entstehen zu lassen. Ich kann dir garantieren, dass es etwas an dir gibt, das andere Menschen begehren – doch DU musst es identifizieren und der Welt präsentieren. Eine starke persönliche Marke kann deinen Wert auf dem Markt steigern, dein Profil innerhalb deines Unternehmens schärfen, gleichgesinnte Kunden und Partner anziehen, die sich mit dir identifizieren und natürlich die finanzielle Rendite steigern. An jeden Tag, an dem du keine Zeit damit verbringst, deine Markenbotschaft zu pflegen und zu nutzen, verpasst du wertvolle Gelegenheiten.

Vermutlich hörst du mehrmals täglich den Begriff ›Branding‹. Er ist zu einem der am häufigsten auftretenden Begriffe im Unternehmertum geworden – und das aus gutem

Grund. Branding ist weit mehr als nur ein weiteres Beispiel für Marketing-Jargon. Es ist tatsächlich entscheidend für deine Online-Präsenz und den Erfolg des Unternehmens.

Eventuell hast du an die Marke deines Unternehmens gedacht, doch was ist mit deiner persönlichen Marke? Selbst wenn du keine aktiven Versuche unternimmst, eine persönliche Marke aufzubauen, so ist sie doch bereits vorhanden, sofern du online aktiv bist. Viele verschiedene Faktoren tragen zu einer persönlichen Marke bei. Von der Art und Weise, wie du online kommunizierst, bis hin zu den Inhalten, die du verbreitest. Dies kann auch visuelle Variablen enthalten, wie zum Beispiel die von dir veröffentlichten Fotos und die damit verbundenen Varianten der Präsentation.

WARUM MUSST DU DEIN EIGENES BRANDING AUFBAUEN?

Eine persönliche Marke existiert unabhängig davon, ob du sie für dich selbst erstellst oder nicht. Wenn du beispielsweise einen Blogbeitrag veröffentlichst, offenbarst du den Lesern verschiedene Aspekte deiner Persönlichkeit. Deine persönliche Marke entwickelt sich rund um die von dir geposteten Inhalte, von Werbung in sozialen Netzwerken und Suchmaschinen bis hin zu Blog-Beiträgen und Webinaren. Falls du deine persönliche Marke nicht aktiv aufbaust, hast du keine Kontrolle darüber. Andere werden sich ihre eigene Meinung darüber bilden, wofür du stehst und warum du dein Unternehmen gegründet hast. Falls du jedoch die Kontrolle über deine persönliche Marke selbst aktiv übernimmst, sitzt du auf dem Fahrersitz. Du kannst die Richtung bestimmen und deinem Publikum zeigen, was du präsentieren möchtest.

Es geht nicht darum, sich falsch darzustellen. Du erschaffst keine Figur für einen Film. Stattdessen kürzt du gewisse Aspekte deiner Persönlichkeit und präsentierst dich im bestmöglichen Licht, um deinen Geschäftszielen im Bereich Knowledge-Commerce näherzukommen.

Welche Strategien sind optimal für eine persönliche Marke?
Bevor du mit dem Aufbau deiner persönlichen Marke beginnst, solltest du die besten Vorgehensweisen kennen, um häufig begangene Fehler zu vermeiden. Denke daran, dass selbst ein einziger Fehltritt deine Marke zurückwerfen und deinem Ruf schaden kann.

Dies gilt insbesondere für Knowledge Commerce-Profis. Deine persönliche Marke dreht sich um deine Fähigkeit, Menschen auf der Grundlage deines Wissens zu beeinflussen.

Wenn die Leute denken, dass du nicht in der Lage bist, dein Wissen effektiv zu teilen, dann hast du faktisch kein Geschäft. Aus diesem Grund benötigst du eine sorgfältig gestaltete, persönliche Marke sowie eine Unternehmensmarke.

Was sind also die besten Vorgehensweisen für Personal-Branding-Strategien?

Schauen wir uns die Wichtigsten davon etwas genauer an.

Nutze deine Persönlichkeit.
Beginne mit deinen persönlichen Eigenschaften. Es ist das charakteristischste Merkmal deiner Persönlichkeit, das dich von der Konkurrenz unterscheidet.

Wie kann deine Persönlichkeit dich bei der Vermittlung deines Fachwissens an deine Zielgruppe unterstützen? Vielleicht bist du zum Beispiel eher extrovertiert und kontaktfreudig. Du hast die Möglichkeit, dieses Persönlichkeitsattribut zu nutzen, um deine Fähigkeiten zu demonstrieren und die Aufmerksamkeit auf deine persönliche Marke zu lenken.

Menschen fühlen sich von Wissensvermittlern und Unternehmern angezogen, die ihre Gedanken und Informationen in großem Umfang über Knowledge-Commerce effektiv zum Ausdruck bringen. Deshalb ist deine persönliche Marke so abhängig von deiner individuellen Persönlichkeit.

Persönlichkeitseigenschaften wie Pünktlichkeit, Hilfsbereitschaft, Mut, Furchtlosigkeit, Sturheit, Extraversion, Introversion und Selbstlosigkeit bilden nur einen Bruchteil des Ganzen ab.

Erstelle eine Liste aller Persönlichkeitseigenschaften, von für dich relevanten Personen. Welche davon stechen dir ins Auge? Und wie lässt sich dieses Persönlichkeitsmerkmal verstärken, um deine eigene Marke zu stärken?

Glaube an dich selbst als eine Marke.
Sofern du dich im Internet oder persönlich präsentierst, wirst du zwangsläufig zu einer Marke. Dies gilt insbesondere, wenn du ein eigenes Unternehmen gründest.

Microsoft wurde zum Beispiel von Bill Gates gegründet. Microsoft ist eine der bekanntesten und einflussreichsten Marken der Welt. Bill Gates hingegen hat seine eigene persönliche Marke.

Jeder, der ein Unternehmen gegründet hat, kann dies bestätigen. Auch wenn sie sich auf ihre Produkte oder Dienstleistungen konzentrieren, stehen sie gelegentlich im Rampenlicht.

Nutze diesen Umstand gezielt. Vertraue auf dich als Marke und vertraue dir darüber hinaus selbst. Sofern du Einfluss auf deine persönliche Marke nehmen möchtest, musst du sie aktiv annehmen.

Sei dir deiner Stärken und Schwächen bewusst.
Jeder hat seine eigenen individuellen Stärken und Schwächen. Wenn dir daran gelegen ist, dass deine persönliche Marke authentisch wirkt, dann musst du dich selbst akzeptieren.

Mit anderen Worten: Du möchtest nicht als jemand erscheinen, der alles weiß, was es über alles zu wissen gibt. Stattdessen solltest du danach streben, so menschlich wie möglich zu wirken. Der einfachste Weg, dies zu tun, besteht darin, sowohl deine Stärken als auch deine Unzulänglichkeiten zu akzeptieren.

Viele der bekanntesten persönlichen Marken haben ihre eigenen Geschichten um ihre Unzulänglichkeiten herum aufgebaut. Denke hierbei nur an Heather Armstrong, auch bekannt als Dooce, die auf der Grundlage ihrer Erfahrungen mit Elternschaft und psychischen Erkrankungen einen florierenden Blog und damit ein Geschäft aufgebaut hat.

Das soll nicht heißen, dass du versuchen solltest, blind Armstrongs Erfolg nachzuahmen. Du musst nicht alles, was du über dich weißt, mit dem Rest der Welt teilen. Der Aufbau einer eigenen Marke erfordert jedoch, offen und ehrlich zu kommunizieren, was man weiß und was nicht.

Kümmere dich um deine Onlinepräsenz.
Obwohl Authentizität für jede persönliche Marke zweifellos entscheidend ist, solltest du dennoch Grenzen setzen. Entscheide sorgfältig, was du deinen Followern mitteilen willst und was nicht, bevor du dein Online-Image der Welt präsentierst.

Die Familie beispielsweise ist für viele Unternehmer tabu. Sie wollen nicht, dass ihre Lieben im Internet unter die Lupe genommen werden. Andere haben keine Bedenken, Anekdoten, Bilder und andere Details über ihre Familie im Internet zu teilen. Es gibt keine richtige oder falsche Antwort. Du musst entscheiden, was für dich am besten ist.

Du kannst auch auswählen, welche Informationen du über Ausbildung, beruflichen Hintergrund, persönliche Herausforderungen und andere Aspekte des Lebens preisgegeben möchtest. Solltest du dich entscheiden, bestimmte Details nicht fortzugeben, bedeutet das nicht, dass du weniger ehrlich bist – solange du keine alternative Realität zu vermitteln versuchst.

Erstelle eine Website für dein Business.
Für den Aufbau einer Marke ist eine Website erforderlich – deine eigene persönliche Plattform, auf der du deine digitalen Produkte, Blog-Artikel, Webinare und andere Dinge bewerben kannst. Dinge, von denen du glaubst, dass dein Publikum sie interessant findet.

Du könntest ebenso einen Blog ins Leben rufen. Gib diesem einen Namen, schreibe deinen ersten Artikel und bestimme, welche Arten von Blogeinträgen zukünftig publiziert werden sollen.

Dein Blog ist dein Eigentum. Deine Social-Media-Profile hingegen nicht: Facebook oder Twitter können jederzeit verschwinden und alle geteilten Inhalte mitnehmen.

Vermutlich bist du bestrebt, wissensbasierte Inhalte in deinem Blog zu teilen, für den Fall, dass du im Knowledge Commerce-Geschäft tätig bist. Demonstriere dein Wissen und deine Fähigkeiten, um deinem Publikum ein passendes Bild zu vermitteln, damit dieses am Kauf deiner kostenpflichtigen Produkte interessiert ist.

Sales Pages, Landing Pages, ein Mitgliederbereich und alles andere, was du veröffentlichen möchtest, sollte auf deiner Website Platz finden. Gewährleiste, dass Besucher deiner Website dich von jeder Unterseite aus kontaktieren können. Gib eine Telefonnummer, eine E-Mail-Adresse oder eine sonstige Kontaktmöglichkeit an.

Kreiere einen Mehrwert, wann immer dies möglich ist.
Informationen können als eine Art Währung betrachtet werden. Es ist durchaus vorteilhaft für diejenigen, die ihrer persönlichen Marke folgen, da sie lernen möchten, was du bereits weißt.

Teile daher nichts, was dem Leser keinen Mehrwert bringt. Du möchtest deine Website oder deinen Blog nicht als persönliches Tagebuch verwenden, wenn die eigentliche Intention geschäftlicher Natur ist.

Doch dies hindert dich nicht daran, persönliche Informationen zu teilen, dies ist zweifellos möglich. Du solltest diese Anekdoten jedoch so gestalten, dass dein Publikum davon profitiert. Eine warnende Geschichte, um deine Leser davor zu bewahren, deine früheren Fehler zu begehen, ist ein Beispiel hierfür.

Mehrwert kann man auf verschiedene Arten generieren und bereitstellen, einschließlich Blogeinträgen, Videos, Posts in sozialen Medien und anderen traditionellen Marketingkanälen. Eine Interaktion mit deinen Lesern im Kommentarbereich deines Blogs ist hierfür eine Möglichkeit. Personen, die Kommentare schreiben, Fragen stellen oder Vorschläge für zukünftige Inhalte machen, sollte geantwortet werden. Teile aber niemals, ohne einen Zweck zu verfolgen.

Stelle aufbauend auf dem letzten Tipp sicher, dass du einen Zweck verfolgst, wenn du Inhalte mit deinem Publikum teilst. Anders formuliert: Du solltest einen sehr guten Grund haben, einen Blogbeitrag zu veröffentlichen, etwas in sozialen Medien zu teilen oder anderweitig mit der Öffentlichkeit zu interagieren.

Warum ist das so wichtig?

Wenn du die Erwartungen deines Publikums enttäuschst, wird dieses möglicherweise nie wieder zu deiner Marke zurückkehren. Die Menschen werden denken, dass du nichts Bedeutendes zu bieten hast, und sich daher deinen Mitbewerbern zuwenden – was ohne Zweifel das Letzte ist, was du möchtest.

Knowledge-Commerce ist auf Einzelne angewiesen, die ihr Wissen effektiv mit dem Publikum teilen. Teilst du etwas, was keinen Zweck oder Bedeutung hat, wirfst du ein ungünstiges Licht auf dein Unternehmen.

Kreiere Verbindungen zu anderen bekannten Marken.
Eine weitere großartige Möglichkeit, deine persönliche Marke aufzubauen, ist die Interaktion mit anderen bekannten Marken in derselben Branche. Finde hierfür Influencer, beliebte Knowledge-Commerce-Experten und Unternehmer in verwandten Geschäftsbereichen. Interagiere online mit ihnen, wann immer du die Gelegenheit dazu bekommst. Kommentiere deren Social-Media-Posts, hinterlasse Feedback zu ihren Blog-Posts und lerne diese Personen gezielt kennen. Ob du es glaubst oder nicht, deine Konkurrenz ist nicht zwangsläufig der Feind. Tatsächlich haben viele Marken Erfolg darin, bei bestimmten Marketingkampagnen mit den Mitbewerbern zusammenzuarbeiten. Wichtig ist, dass deine persönliche Marke einzigartig und sichtbar bleibt. Keinesfalls möchtest du im Schatten eines Anderen stehen.

Erfinde dich immer wieder neu.
Das Tolle am Personal-Branding ist, dass es nicht ewig dauern muss. Wenn du beim Aufbau einer Marke Fehler machst, dann hast du die Chance, dich neu zu erfinden und deinem Online-Publikum eine neue Facette zu präsentieren. Dies ist jedoch nicht auf die leichte Schulter zu nehmen. Falls du deine persönliche Marke radikal verändern willst, benötigst du einen guten Grund und musst diesen glaubhaft kommunizieren können.

WORIN LIEGEN DIE VORTEILE EINES PERSÖNLICHEN BRANDINGS?

Personal-Branding bietet zahlreiche Vorteile. Du kannst wichtige Entscheidungen darüber treffen, was du teilst und wie die Leute dich wahrnehmen, sofern du die Kontrolle über die erzählte Geschichte rund um deine Online-Präsenz wahrst. Betrachte die Marke deines Unternehmens. Es sollten mehrere Verbindungen zu deiner persönlichen Marke bestehen, jedoch fokussiert sich deine persönliche Marke verstärkt auf Persönlichkeit, Ambitionen, Träume und Motivationen.

Im Wesentlichen gibst du deinem Unternehmen ein Gesicht. Dies ist ein wichtiger Aspekt. Viele große Unternehmen nutzen Prominente, um die eigene Botschaft zu verbreiten. Du magst nicht berühmt sein, aber du bist ein einzigartiger Mensch, der faszinierende Erfahrungen zu erzählen und wertvolles Wissen zu vermitteln hat. Behalte dies stets im Kopf. Sehen wir uns vor diesem Hintergrund einige der wichtigsten Vorteile der Entwicklung einer eigenen Marke an.

1. Du verfügst über eine wirkmächtige Onlinepräsenz.

Wenn du Personal-Branding verwendest, um online für dich selbst zu werben, wirst du für deine Zielgruppe automatisch zugänglicher und sichtbarer. Die Leute können dich mit einer einfachen Google-Suche oder über deine zahlreichen Marketingkanäle finden.

Wenn es um den Knowledge Commerce-Markt geht, kann es hingegen kritisch werden, die eigene Sichtbarkeit zu überdehnen. Natürlich ist dir daran gelegen, dass die Leute verstehen, warum du beispielsweise qualifiziert bist, Online-Kurse zu unterrichten oder andere digitale Inhalte für deine

Zielgruppe zu verbreiten. Viele Unternehmer haben jedoch Angst davor, zu sichtbar zu werden. Sie fühlen sich verwundbar und haben Angst, einen Fehler zu begehen, der dem Image des Unternehmens schaden könnte.

Gehe es langsam an! Entscheide klar, was du mit deinem Online-Publikum zu teilen bereit bist, und denke daran, deine persönlichen Grenzen und die deiner Nächsten zu respektieren.

2. Du hast die Gelegenheit, effektiver zu netzwerken.

Während deine Internetmarke wächst, baust du gleichzeitig ein ständig wachsendes Netzwerk mit Partnern, zukünftigen Kunden und bestehenden Kunden auf.

Vielleicht hast du schon davon gehört, dass du, sofern du im Geschäft erfolgreich sein willst, zwangsläufig die richtigen Verbindungen benötigst. Dies ist zwar nicht gänzlich korrekt, aber ein Netzwerk von Personen zur Verfügung zu haben, kann enorm vorteilhaft sein, wenn du etwa ein neues Produkt auf den Markt bringen oder den Kurs deines Unternehmens verändern möchtest.

Je mehr Menschen sowohl deine persönliche als auch deine Unternehmensmarke kennen, desto sichtbarer wirst du für deine Zielgruppe. Die Leute innerhalb deines Netzwerks teilen deine Inhalte wiederum mit ihrem eigenen Publikum, sodass du Menschen erreichst, zu denen du ohne diese Verbindungen keinen Zugang bekommen hättest.

3. Der Wiedererkennungswert steigt, wenn du persönlich präsent bist.

Personal-Branding dient zu weit mehr, als bloß deine Online-Präsenz zu steigern. Es erhöht auch die öffentliche (Wieder)

Erkennung. Vielleicht besuchst du Fachausstellungen, Konferenzen und Kongresse. Vielleicht hast du auch ein Buch geschrieben und möchtest eine Signierstunde abhalten – in jedem Fall kann das persönliche Erscheinen helfen, die Marke zu stärken und die Rentabilität des Unternehmens zu steigern.

4. Das Wachstum deines Unternehmens intensiviert sich.

Deine persönliche Marke kann deiner Unternehmensmarke helfen – und umgekehrt. Obwohl es sich um zwei getrennte Einheiten handelt, werden sie sich natürlich überschneiden, da beide Schnittstellen mit deinem Business teilen. Im Wesentlichen bekommst du zwei Möglichkeiten, dich zu vermarkten. Du kannst das, was du über kommerzielles Branding gelernt hast, auf deine persönliche Marke anwenden und zudem häufige Missgeschicke von vornherein vermeiden.

5. Du kannst deine Marke für strategische Partnerschaften verwenden.

Partnerschaften sind eine großartige Methode für Knowledge Commerce-Experten, um zusammenzuarbeiten und ihre jeweiligen Unternehmen auszubauen. Sie erhalten Zugang zu den Zielgruppen des jeweils anderen, wenn sie zielgerichtet kollaborieren. Außerdem halbieren sie den Arbeitsaufwand und können mehr öffentlich zugängliche digitale Produkte erstellen. Je mehr gemeinsame Aufgaben sie vollziehen, desto mehr Geld werden sie verdienen.

Nutze deshalb deine persönliche Marke, um neue Personen in deinem Bereich kennenzulernen und mit Geschäftsinhabern in Kontakt zu treten, deren Zielgruppen gemeinsame Merkmale aufweisen. Das ist eine der effektivsten Methoden, um profitable Kooperationen zu bilden.

6. Deine Onlinebeziehungen erreichen eine neue Ebene.
Die Aufrechterhaltung von Online-Beziehungen zu Partnern und Kunden kann eine Herausforderung darstellen. Doch falls du über eine starke persönliche Marke verfügst, darfst du davon ausgehen, dass andere regelmäßiger auf deine Website und andere Marketingplattformen zurückkehren. Es ist nun einfacher, mit dir in Kontakt zu bleiben, da du präsenter bist und weniger schnell in Vergessenheit gerätst. Möglicherweise musst du nicht einmal zu anderen gehen, um Kooperationen aufzubauen, neue Leads zu gewinnen oder dein Unternehmen zu erweitern – Andere finden den Weg ganz von selbst zu dir.

7. Du kannst nicht in die Zukunft sehen.
Zufällige Fügungen können mitunter amüsant sein. Du baust deine Internetmarke auf, ohne zu wissen, wie das Ergebnis aussehen wird. Einige Leute gedeihen im Bereich Knowledge Commerce, während andere verschwinden. Erstaunlich, welche Möglichkeiten sich dir eröffnen, wenn du dich ganz dem Prozess des Personal-Branding widmest. Du investierst Zeit und Mühe, dich online sichtbarer zu machen, und wirst infolgedessen effektiver in der Lage sein, die Früchte deiner Arbeit zu ernten, wenn sich passende Gelegenheiten ergeben.

8. Du gewinnst an Selbstüberzeugung.
Wie bereits erwähnt, kann Personal Branding einschüchternd wirken. Wenn du dich online präsentierst und dich für deine Zielgruppe sichtbarer machst, kann ein Gefühl der Verwundbarkeit damit einhergehen. Dies ist jedoch eine gesunde Form der Angst. Dieses Gefühl beweist, dass du etwas Neues riskierst.

Unter Umständen wirst du bemerken, dass dein Selbstvertrauen wächst, je intensiver du dich mit Personal-Branding vertraut machst. Du wirst mit der Zeit weniger nervös, persönliche Informationen mit Anderen zu teilen, in Videos zu erscheinen und andere Facetten des Online-Personal-Brandings wahrzunehmen. Darüber hinaus kann die gleiche Selbstsicherheit auf andere Aspekte deines Unternehmens ausstrahlen.

9. Du allein bist für dein Markenimage verantwortlich.
Kontrolle ist entscheidend, wenn es um Branding geht. Die Leute werden sich ihre eigene Meinung über dich bilden, falls du deine persönliche Marke nicht kontrollierst. In diesem Fall wird sich deine Marke ohne deinen Einfluss entwickeln. Bitte lass das nicht zu. Publiziere stattdessen alles, was deine Zielgruppe erfährt, zielgerichtet und kontrolliert. Kontrolliere die Informationen, welche andere erhalten, um die narrative Oberhand zu behalten. Selbst, wenn du einen Fehler begehst, hältst du noch immer die Zügel in der Hand.

10. Deine Reputation verbessert sich.
Für Knowledge-Commerce-Experten ist Glaubwürdigkeit entscheidend. Menschen sind eher bereit, in deine digitalen Inhalte zu investieren, wenn du einen guten Ruf genießt.

WIE ERLANGST DU VERTRAUENSWÜRDIGKEIT?

Indem du deinem Publikum nützliche, informative Inhalte zur Verfügung stellst. Du verwendest deine persönliche Marke, um Menschen zu informieren, die neugierig auf das sind, was du weißt und wie du verfährst. All dies mag einfach erscheinen, aber ohne eine effektive Personal-Branding-Strategie wird es ungleich schwieriger. Es wird dir leichter fallen, mit Einzelpersonen in Kontakt zu treten und dein Wissen mit dem Rest der Welt zu teilen, wenn du genau weißt, wie du kommunizieren möchtest.

Personal-Branding hat zahlreiche Vorteile. Du kannst wichtige Entscheidungen darüber treffen, was du teilst und wie die Leute dich wahrnehmen, wenn du die Kontrolle über die Geschichte übernimmst, die deine Online-Präsenz umrahmt. Betrachte die Marke deines Unternehmens. Es sollte mehrere Verbindungen zu deiner persönlichen Marke enthalten, jedoch liegt der Fokus deiner persönlichen Marke vermehrt auf Persönlichkeit, Ambitionen, Träumen und Motivationen. Du verleihst deinem Unternehmen einen persönlichen Touch.

Zahlreiche Konzerne nutzen prominente Sprecher, um die Markenbotschaft mit einem vertrauenswürdigen Gesicht zu verbreiten. Auch ohne Prominenz bist du ein Unikat mit einer einzigartigen Geschichte, faszinierenden Erfahrungen und wertvollem Wissen. Ziele werden schneller erreichbar.

Es trifft zweifellos zu, dass der Aufbau einer persönlichen Marke viel Arbeit erfordert. Die Früchte deiner Arbeit können jedoch die Zeit und Energie, die du für deine persönliche Marke aufgewendet hast, bei weitem überwiegen.

Wenn die Leute wissen, wer du bist und deinem Urteilsvermögen vertrauen, werden deine Ziele einfacher realisierbar. Du kannst mehr Produkte verkaufen, mehr Besucher auf deine Website locken, mehr Teilnehmer für deine Webinare gewinnen und mehr Menschen davon überzeugen, eine Mitgliedschaft abzuschließen. Auch die Kundenbindung wird einfacher, weil du eine persönliche Beziehung hergestellt hast. Diese Leute werden weiterhin deine digitalen Produkte kaufen, weil sie an das glauben, wofür du stehst und darauf vertrauen, dass sie mit jedem neuen Produkt beständig wertvollen Content geliefert bekommen.

Es gibt zahllose Beispiele für erfolgreiches Personal-Branding, die man als Blaupause für die Schaffung einer eigenen persönlichen Marke verwenden kann.

Wie entwickelt man eine erfolgreiche Marke?

Denkst du darüber nach, ein Unternehmen zu gründen? Moment noch! Bist du wirklich bereit, alle Anforderungen zu erfüllen? Ich meine buchstäblich alles zu tun, sei es Geld zu investieren, ein Team von Angestellten zu führen, Unternehmenswerbung, Unternehmensmarken usw.? Es geht um weit mehr, als nur das Geschäft. Jedes Mal, wenn du etwas Neues ausprobieren möchtest, musst du im Voraus planen. Abgesehen von Finanzen, Kapazitäten und einem Team von Mitarbeitern können eine Vielzahl von Faktoren Auswirkungen auf dein Unternehmen haben. Du brauchst Erfahrung in dem Bereich, in dem du geschäftlich aktiv wirst.

Ein Unternehmen zu führen ist nichts für schwache Nerven. Du musst auf eine Vielzahl von Aspekten deines Geschäftes achten und wenn du dich auf alles allein konzentrieren willst, läufst du Gefahr, die Kontrolle über dein Business verlieren.

Was bringt es, ein Risiko einzugehen?

Bewahre deshalb zwingend ein gesundes Gleichgewicht zwischen allen Bereichen deines Unternehmens, ohne dass dein Fachwissen seine Wirkung verliert. „Wie soll ich das alleine bewerkstelligen?“, fragst du dich vielleicht? Simpel! Lege die Messlatte für dich und dein Team höher!

Früher war alles, was ein Unternehmen brauchte, um wiedererkennbar zu werden, eine Markenbotschaft. Dasselbe kann jedoch nun ein großes Problem darstellen. Einleuchtend, denn: Denkst du jemals über das Markenzeichen eines Unternehmens nach? Ich bin mir ziemlich sicher, dass du das nicht tust, weil auch ich es nicht tue. Was genau funktioniert also, um Unternehmen zu verbessern, zu fördern und sie zu bekannten Marken zu machen?

Es geht darum, am Markt präsent zu sein. Je mehr Menschen du auf dein Unternehmen aufmerksam machst, desto wahrscheinlicher ist es, Marktführer mit großem Marktanteil zu werden. Heutzutage ist es nahezu unmöglich, eine Marke aufzubauen, sie zu bewerben, bekannt zu machen, ohne zuvor einen ethischen Geschäftsansatz zu entwickeln, der darauf abzielt, vollständige Kundenzufriedenheit zu erreichen.

Wie können wir eine Marke entwickeln, wenn wir kein Markenzeichen besitzen? Dies ist eine ausgezeichnete und etwas komplexe Frage, auf die die meisten Geschäftsleute eine Antwort suchen. Beim Branding geht es nicht mehr nur darum, das Logo eines Unternehmens zu ändern. Nachdem du herausgefunden hast, was der Verbraucher in Bezug auf Qualität, Mehrwert und Erfahrung will, setzt du alles daran, dem gerecht zu werden. Du hast jedes Recht, dem Kunden nachdrücklich zu vermitteln, dass dein Unternehmen alle seine Bedürfnisse erfüllen kann.

Kundenzufriedenheit ist für jede Marke, ob groß oder klein, ein Top-Anliegen. Wenn wir einen Entwurf anfertigen, können wir diesen natürlich noch nicht beurteilen oder bewerten. Nachdem ein Unternehmen richtig geplant und strategisch ausgerichtet ist, werden die fertigen Produkte ausschließlich vom Markt beurteilt. Ein Produkt erreicht einen zahlenden Kunden oder nicht – letztendlich entscheidet dieser Umstand über die Wahrnehmung einer Marke. Das Vertrauen der Kunden führt zu Loyalität, die die Fähigkeit unseres Unternehmens, an die Spitze des Marktes aufzusteigen und die Konkurrenz zu übertreffen, schrittweise stärkt.

Sehen wir uns einige Taktiken an, die den Aufbau einer Marke einfach, erfolgreich und geradlinig machen, doch zunächst wollen wir den Begriff Branding besser verinnerlichen.

Was genau ist Branding und was ist erforderlich, um es praktisch umzusetzen?

Einfach ausgedrückt ist Branding die Werbung oder Verkaufsförderung eines Unternehmens. Die Bedeutung von Werbekampagnen und Promotion-Events bei der Bekanntmachung eines Unternehmens ist entscheidend. Dicht gefolgt von Event-Sponsoring, das den Markenwert fördert. In der Marketingbranche wird der Markenwert verwendet, um den Kapitalwert einer Marke zu beziffern.

Produkte haben ein Verfallsdatum, aber Marken halten bedeutend länger. Innovative Ideen werden durch Branding zu einem unvergesslichen Erlebnis. Wenn das Branding eines Unternehmens komplett ist, gewinnt es an Vertrauen, was zu einer erhöhten Anzahl potentieller Kunden beiträgt.

Warum nicht nur auf SEO konzentrieren?

SEO (Search Engine Optimization) kann dasselbe leisten wie Branding. Branding ist jedoch neben SEO empfehlenswert, da Branding die einzige Möglichkeit bietet, die Online-Wahrnehmung eines Unternehmens zu verbessern. Ein mögliches Szenario könnte sein, dass wir einfach ein paar Euro verdienen möchten und nicht die Absicht haben, ein Unternehmen zu gründen. Eine anderes ist, dass wir Bekanntheit und einen guten Ruf für das Unternehmen erlangen wollen. Im letzteren Fall bringt uns SEO allein nicht viel Traffic. Mit ein paar praktikablen Keywords könnte uns bereits ein effizientes Suchmaschinenranking winken, doch dies ist der Zeitpunkt, an dem eine Branding-Nachfrage entsteht.

Gehen wir nun zu einigen wesentlichen Methoden des Markenaufbaus über. In erster Linie müssen wir die Markenbekanntheit erhöhen, um den langfristigen Erfolg zu sichern.

15. **Denke an alle relevanten Faktoren – von einem attraktiven Logo bis zur richtigen Zielgruppe**.

Wenn wir planen, einem Unternehmen ein Gesicht zu geben, um neue Höhen zu erreichen, sollten wir einige Dinge im Hinterkopf behalten: Wohin unsere Marke gehen soll, wie die Menschen diese wahrnehmen sollen und was deren Hauptaugenmerk ist. Um unsere Marke zum Lebensinhalt unserer Zielgruppe werden zu lassen, müssen wir unsere Zielgruppe bis ins kleinste Detail kennen.

Wähle in erster Linie die Farben für dein Logo und den Rest der Marke mit Bedacht aus. Farben sollten so gewählt werden, dass die Menschen sie nicht vergessen können. Darüber hinaus trägt ein Logo entscheidend dazu bei, dass sich eine Marke etabliert. Beauftrage daher einen Fachmann mit der Gestaltung eines Firmenlogos, damit dies bei den Kunden einen bleibenden Eindruck hinterlässt.

Nachdem wir uns nun für ein Markenlogo entschieden haben, kombinieren wir es mit ein paar einprägsamen Worten, an die sich die Leute erinnern werden. Geben wir dem Ganzen einen einprägsamen, prägnaten Slogan, der unsere Marke verkörpert.

16. **Einen ethischen Ansatz verfolgen und dabei die Zielgruppe im Auge behalten.**

Definiere nun deine ethischen Grundsätze, deine Grundwerte als Leitplanke für dein Unternehmen. Kunden werden zweifellos über deine Marke nachdenken, welche ihren inneren Werten entspricht. Entscheide daher, wie du wahrgenommen werden willst und wie du deine Marke wirkungsvoll in der Öffentlichkeit präsentierst. Hast du das Thema Ethik ganz oben auf deiner Prioritätenliste?

Unser Team und unsere Mitarbeiter sind ein ganz wesentlicher Teil unseres Erfolges. Binde deshalb deine Mitarbeiter in die meisten Aufgaben ein, denn diese arbeiten gemäß ihrer Wahrnehmung und Einstellung zu den Unternehmenswerten und -abläufen.

Berate dich aus diesem Grund mit anderen, wie du die Bedürfnisse deiner Kunden im Auge behalten kannst, damit diese effizient und zufriedenstellend erfüllt werden können. Da es deine Zielgruppe ist, die zu zahlenden Kunden wird, musst du sorgfältig bestimmen, wer das größte Interesse an deinen Produkten hat.

17. **Entwickle und bewahre ein großes soziales Umfeld.**
Du solltest deinen Kunden nicht nur exzellenten Service bieten, sondern auch versuchen, sie kennenzulernen und langfristige Verbindungen aufzubauen. Die Interaktion mit anderen wird dabei helfen, neue Fähigkeiten zu entwickeln, um das Geschäft zu verbessern. Einige Kunden geben Erfahrungsberichte ab, die du als Zeichen der Wertschätzung aufnehmen solltest, um langfristig weiter wachsen zu können.

Wir leben in einer Social-Media- und Networking-Ära. Dabei spielt es keine Rolle, ob du eine Einzelperson, ein Unternehmen oder eine gemeinnützige Organisation verkörpern willst. Jeder knüpft Kontakte, um sich selbst, seine Produkte, Dienstleistungen, Tätigkeiten oder alles andere zu vermarkten, was dich zu neuen Höhen treiben kann. Wenn es um die Entwicklung von Beziehungen geht, spielt die Menge keine Rolle. Erreiche so viele Menschen wie möglich, da jeder von ihnen dir und deiner Marke in irgendeiner Weise zugutekommt. Während einige positives Feedback geben, das motiviert, in Zukunft bessere Leistungen zu erbringen, liefern andere negative Kritik. Diese sollte dich dazu inspiriert, besser zu werden und diese Personen zu Fans deines Unternehmens zu machen.

Es reicht nicht aus, nur Leute zu treffen – es ist auch notwendig, sich deren Namen und einige Details zu merken. Je mehr Wert wir diesen Menschen beimessen, desto wahrscheinlicher wird es, dass sie zu loyalen Kunden werden. Dies bedeutet jedoch nicht, dass du Schmeicheleien verwenden solltest.

18. **Richte dein Augenmerk auf das Visuelle.**
Dein Logo wird deine Marke widerspiegeln. Behalte daher den gleichen farbenfrohen und ansprechenden Look bei oder beauftrage einen Experten damit. Nehmen wir hierfür ein bekanntes Unternehmensbeispiel, wie Apple oder Mercedes. Das Logo kommt mir schlagartig in den Sinn. Diese Marken tun nichts Außergewöhnliches. Sie haben einfach ein einprägsames, ansprechendes Logo erstellt und intelligente Marketingtechniken eingesetzt, um für ihre Marke zu werben und gleichzeitig eine hohe Qualität aufrechtzuerhalten. Dies solltest du ebenfalls tun.

Denke daran, dein Firmenlogo auf jedem deiner Produkte zu platzieren. Sei es auf der Oberfläche des Produkts oder auf der Verpackung. Die Botschaft/der Slogan, den du für deine Marke erstellt hast, sollte ebenfalls enthalten sein.
Sichere dir die Urheberrechte dafür, um ein Alleinstellungsmerkmal für deine Marke in Verbindung mit deinen Produkten zu gewinnen.

19. **Organisation von Werbeveranstaltungen oder Kampagnen.**
Vernachlässige niemals die Planung von Kampagnen oder Events, um Menschen oder Kunden dabei zu helfen, dich besser kennenzulernen. Video-Sharing oder ein Link zu einer Produkteinführung könnten geeignete Online-Methoden sein. Man kann auch YouTube nutzen, um Kunden ein informatives und hilfreiches Video anzubieten. Du solltest auch Facebook

oder Twitter nutzen, um deine eigene Marke optisch ansprechender und unkomplizierter zu vermarkten, indem du regelmäßig neue Informationen postest.

Auch kannst du dein Unternehmen auf verschiedenen Websites bewerben, was zunächst ein paar Kosten verursachen wird. Abhängig von der Anzahl der Klicks und Besucher auf deiner Website zahlt es sich letzten Endes jedoch aus.

20. Die Abfolge der Ereignisse.

Dies ist eine ausgezeichnete Methode, um ein großes Publikum anzuziehen, ein neues Produkt oder eine neue Dienstleistung zu bewerben. Eine Firmenveranstaltung ist die heute am häufigsten verwendete Werbemethode und kann dabei helfen, viele Interessenten anzuziehen und gleichzeitig deren Vertrauen zu gewinnen. Wenn deine Kunden an dich glauben, wirst du langfristig bessere Erfolgschancen haben.

21. **Stehe zu deinem Wort.**

Wenn es dir gelungen ist, eine bekannte Marke zu etablieren, oder wenn du hart daran arbeitest, eine zu werden, lenke deinen Fokus darauf, stets auf Kurs zu bleiben. In jedem Geschäft ist die Wahrung von Ehrlichkeit und Anstand von entscheidender Bedeutung. Du solltest halten, was du deinen geschätzten Kunden versprichst. Sie waren seit der Gründung deines Unternehmens von elementarer Bedeutung – sie sind das A und O.

Never Applied
My-mindguide.com

INNOVATIV WERDEN

Bedenken wir, dass mehr als die Hälfte der Weltbevölkerung von weniger als 2,50 Dollar pro Tag lebt. Dieser Gedankengang bietet eine enorme Gelegenheit, komplexer und intelligenter zu denken, indem wir innovativer werden. Innovativ zu sein bedeutet, ein Konzept in ein Produkt oder eine Dienstleistung zu verwandeln, welche einen Mehrwert bietet oder für das die Kunden bezahlen. Folglich ist es möglich, die Armut aus einem Leben zu verbannen, wenn man die verschiedenen Gedanken und Konzepte in die Realität umsetzen kann. Diese Konzepte werden zu Waren und Dienstleistungen, für die Menschen bereit sind zu zahlen. Innovation vollzieht sich nicht von allein, sie resultiert aus jemandem, der die Initiative dazu ergreift. Folglich muss sich jemand zum Ziel setzen, die Probleme seiner Mitmenschen zu erforschen und eine Lösung zu erarbeiten.

Die Fähigkeit eines Unternehmens, Prozesse zu verbessern, neue und verbesserte Produkte und Dienstleistungen auf den Markt zu bringen, die Effizienz zu steigern und vor allem die Rentabilität zu erhöhen, hängt von der Fähigkeit ab, neue Ideen erfolgreich zu verwerten. Lokale, regionale, nationale und globale Märkte werden immer wettbewerbsintensiver. Als Ergebnis des besseren Zugangs zu neuen Technologien und der erweiterten Handels- und Wissensaustauschmöglichkeiten, die das Internet bietet, hat sich der Wettbewerb verschärft.

Dieser Absatz beschreibt, wie man Innovation zu einem wesentlichen Geschäftsprozess macht, und stellt verschiedene Techniken vor. Er bietet Anleitungen, wie wir Innovationen planen und das ideale Unternehmensumfeld schaffen können, in dem Ideen realisiert werden können. Zudem wird erläutert, wie innovative Unternehmen Hilfe und Unterstützung erhalten können.

Es ist wichtig, sich über den Unterschied zwischen Erfindung und Innovation im Klaren zu sein. Eine Erfindung ist eine neue Idee. Innovation ist die kommerzielle Anwendung und erfolgreiche Verwertung des Konzepts. Grundsätzlich bedeutet Innovation, etwas Neues in ein Unternehmen einzuführen. Beispielsweise:

Verbesserung oder Ersatz von Geschäftsprozessen durch Steigerung von Effizienz und Produktivität. Oder Befähigung des Unternehmens, um das Qualitätsspektrum bestehender Produkte und Dienstleistungen zu erweitern. Entwicklung völlig neuer und verbesserter Produkte und Dienstleistungen – oft um den sich schnell ändernden Anforderungen oder Bedürfnissen von Kunden oder Verbrauchern gerecht zu werden. Wertsteigerung bestehender Produkte, Dienstleistungen oder Märkte, um das Unternehmen von seinen Mitbewerbern abzuheben und den wahrgenommenen Wert für die Kunden und Märkte zu steigern. Innovation kann einen einzelnen Durchbruch bedeuten – z. B. ein neues Produkt oder eine neue Dienstleistung. Es kann sich jedoch auch um eine Reihe kleiner, inkrementeller Änderungen handeln. In welcher Form auch immer, Innovation ist ein kreativer Prozess. Die Ideen dafür haben verschiedene Ursprünge, etwa:

Innerhalb des Unternehmens, z. B. von Mitarbeitern, Managern oder interner Forschungs- und Entwicklungsarbeit. Außerhalb des Unternehmens, z. B. Lieferanten, Kunden, Medienberichte, von anderen Organisationen veröffentlichte Marktforschungen oder Universitäten und andere Quellen für neue Technologien. Der Erfolg entsteht durch das Filtern von Ideen, das Identifizieren derer, auf die sich das Unternehmen konzentrieren wird, sowie den Einsatz von Ressourcen, um sie zu nutzen.

21. Die Einführung von Innovationen kann dir dabei helfen:

- Die Produktivität zu verbessern
- Kosten zu reduzieren
- Wettbewerbsfähiger zu werden
- Den Wert der Marke zu erhöhen
- Neue Partnerschaften und Beziehungen aufzubauen
- Umsatz- und Rentabilitätssteigerungen zu erzielen

22. **Unternehmen, die nicht innovativ sind, gehen folgende Risiken ein:**

- Verlust von Marktanteilen an Wettbewerber
- Sinkende Produktivität und Effizienz
- Den Verlust von Mitarbeitern
- Schrumpfende Margen
- Geschäftsaufgabe

KONZEPTE, UM INNOVATIV ZU WERDEN

Innovation in deinem Unternehmen kann die Einführung neuer oder verbesserter Produkte, Dienstleistungen oder Prozesse bedeuten.

23. **FÜHRE EINE MARKTANALYSE DURCH**

Es ist sinnlos, in einem Vakuum über Erfindungen nachzudenken. Untersuche deinen Markt und überlege dir, wie Innovation deinen Kunden einen Mehrwert bieten könnte, um dein Unternehmen voranzubringen. Weitere Informationen zur Analyse deines Marktes findest du im Abschnitt zur Planungserstellung in diesem Leitfaden.

24. **IDENTIFIZIERE CHANCEN ZUR INNOVATION.**

Innovationsmöglichkeiten lassen sich aufspüren, indem du dein Produkt oder deine Dienstleistung an die Veränderungen des Marktes anpasst. Wenn du beispielsweise ein Anbieter von Hamburger-Spezialitäten bist, könntest du erwägen, den Fettgehalt deiner Burger zu senken, um gesundheitsbewusste Kunden anzusprechen. Ebenso kannst du dein Geschäft voranbringen, indem du ein neues Produkt entwirfst. Du könntest damit beginnen, sowohl vegetarische als auch fleischhaltige Burger zu produzieren.

Neue Technologien, Techniken oder Arbeitsgewohnheiten sind ebenso ein überdenkenswerter Ansatz, wie z. B. die Rationalisierung von Abläufen, um die Konsistenz der Produktqualität zu verbessern. Wenn Studien darauf hindeuten, dass Menschen weniger Zeit zum Einkaufen haben, könnte man etwa Vertriebsabläufe überarbeiten, indem man den Kunden einen Lieferservice anbietet, der mit Online- und Telefonbestellungen realisiert werden kann. Statt deine Hauptkonkurrenten beim Preis zu unterbieten, solltest du dein Marketing neu gestalten, um die Qualität deines Produkts hervorzuheben – und dafür einen Aufpreis verlangen.

25. Innovative Planung.
Vielleicht schweben dir einige neue Ideen vor. Idealerweise solltest du innovative Ansätze deinem Businessplan hinzufügen.

Eine strategische Vision, wie dein Unternehmen wachsen soll – wenn du Markttrends analysierst, kannst du Innovationsbemühungen auf die wesentlichen Bereiche konzentrieren.

Innovation hilft nicht nur dem Überleben des Unternehmens, sondern auch bei dessen Expansion und Umsatzgenerierung. Es gibt einige praktische Möglichkeiten, um herauszufinden, ob deine Ideen ein Gewinnpotenzial haben oder nicht:

26. **Führe eine Wettbewerbsanalyse durch**.
Finde heraus, wer deine Konkurrenten sind und wo sie tätig werden. Nutze das Internet und Werbequellen wie die Gelben Seiten, um mehr über deren Produkte, Preise und Arbeitskultur zu erfahren. Dies verleiht dir ein klares Gefühl für deren Verkaufsargumente und eventuelle Änderungen. Wenn es deinen Wettbewerbern in erster Linie um den Preis geht, solltest du die Qualität deines Produkts oder deiner Dienstleistung betonen.

Trends auf dem Markt oder im Geschäft sollten genau untersucht werden. Die Kenntnis der Umgebung, in der deine Firma tätig ist, erleichtert die Planung. Im Internet findet man vielfältige Informationen zu jeder Branche. Auch Artikel aus Wirtschafts- und Fachzeitschriften sind hilfreich.

27. **Stelle eine Verbindung mit deinen Kunden her**.
Zu wissen, wie dein Zielmarkt aussieht, reicht nicht aus. Du musst zudem in der Lage sein, effektiv mit deiner Zielgruppe

zu kommunizieren. Kommunikation erfordert nicht nur, auf Bedürfnisse zu hören, sondern auch, das Verhalten in Bezug auf aktuelle Produkte und Dienstleistungen aktiv zu analysieren und über Möglichkeiten nachzudenken, diese zu verbessern. Beziehe deine Lieferanten und andere Geschäftspartner in den Entscheidungsprozess ein. Die Nutzung aller Ressourcen zur Zusammenarbeit mit Lieferanten oder anderen Geschäftspartnern kann dabei helfen, neue Ideen zu entwickeln und verwirklichen. Business-Networking-Events können auch zur Bildung zukünftiger Kooperationen beitragen.

Betrachte im Anschluss die Folgen spezifischer, innovativer Maßnahmen für dein Unternehmen. Berücksichtige dabei Folgendes: Welche Auswirkungen wird dies auf die täglichen Abläufe und Prozeduren in deinem Unternehmen haben?

28. Welche Form von zusätzlichem Coaching könnte dein Personal zukünftig benötigen?

Ob du geistiges Eigentum generierst, das geschützt werden muss und wie du ein Projekt finanzierst, könnten relevante Faktoren bei der Beantwortung dieser Frage sein. Beziehe deine grundlegende Vision in die Geschäftsstrategie ein, indem du deine lang- und kurzfristigen Ziele sowie die Art und Weise, wie du diese erreichen möchtest, genau definierst. Verbinde Ziele mit finanziellen Prognosen, z. B. das Erreichen eines bestimmten Umsatzniveaus bis zu einem bestimmten Datum. Überprüfe diesen Plan regelmäßig. Ermutige deine Organisation, kreativer zu sein. Es stehen zahlreiche Ressourcen zur Verfügung, um bei der Entwicklung neuer Geschäftsideen zu helfen.

Lieferanten, Geschäftspartner und Verbindungen in deinem beruflichen Netzwerk können dazu beitragen, den kreativen

Prozess zu unterstützen und zu fördern. Auch deine Mitarbeiter können dich bei innovativen Konzepten unterstützen. Um das Beste aus ihnen herauszuholen, musst du eine Umgebung schaffen, die kreatives Denken fördert.

29. Initiativen zur Förderung von Innovationen.
Stelle sicher, dass Methoden und Aktivitäten zum Erfassen von Ideen vorhanden sind. Richte Vorschlagsboxen in deinen Räumlichkeiten ein oder veranstalte regelmäßig Seminare oder Firmentage, um Ideen zu sammeln. Schaffe eine positive Umgebung, in der sich Menschen frei ausdrücken können, ohne Angst vor Kritik oder Demütigung zu haben. Ermutige sie, zu experimentieren und Risiken einzugehen. Bestrafe sie nicht, falls ihre neuen Ideen nicht funktionieren. Einzelpersonen und Teams sollten zugänglicher sein. Es ist unbedingt erforderlich, wertvolle Ideen und Informationen abteilungsübergreifend auszutauschen. Teamwork, Newsletter und Intranets können den Mitarbeitern dabei helfen, Informationen auszutauschen und innovativ zu agieren.

Damit sich alle dem Unternehmenserfolg verpflichtet fühlen, solltest du hervorheben, dass Mitarbeiter auf allen Ebenen der Organisation gemeinsam Verantwortung für Innovation tragen. Die Menschen werden sich geschätzter fühlen, wenn dein Unternehmen weniger Verwaltungs- oder Entscheidungsebenen hat. Erfolge sollten gefeiert und Innovationen belohnt werden. Angemessene Belohnungen können einen großen Beitrag dazu leisten, Mitarbeiter zu motivieren, über den Tellerrand hinaus zu denken. Suche nach Menschen, die einfallsreich und kreativ sind, wenn du neue Mitarbeiter engagierst. Denke daran, dass kreative Köpfe nicht immer die beeindruckendsten Lebensläufe vorweisen.

30. Investiere in frische Ideen.

Du solltest die innovationsgetriebene Expansion über verschiedene Ansätze finanzieren, einschließlich eigener Mittel oder in Form externer Investitionen, etwa Darlehen oder Eigenkapitalfinanzierungen.

Jeder Weg zu externer Finanzierung erfordert jedoch einen qualitativ hochwertigen Businessplan. Unternehmen wenden sich in der Regel an ihre Banken, um eine Finanzierung zu erhalten, je nach ihrem Kapitalbedarf.

Never Applied

CLEVERNESS ENTWICKELN

Theoretisch clever zu sein, ist niemals ausreichend. Dies negiert keineswegs die Notwendigkeit, brillant zu sein, dennoch solltest du clever und gerissen sein, um im Geschäft erfolgreich zu bestehen. In der heutigen Gesellschaft smart zu sein, bedeutet zu wissen, wie man sich vor Betrügern und zweifelhaften Charakteren schützt. Tatsächlich definiert das Oxford-Lexikon *street-smart* als „die Erfahrung und das Fachwissen, das erforderlich ist, um mit den möglichen Herausforderungen oder Risiken des Lebens in einer Stadt umzugehen". Dies bedeutet im Klartext, dass du dich in deinem Umfeld auskennst, weißt, mit schwierigen Situationen umzugehen und die Absichten der Menschen zu ›lesen‹ lernst. Wenden wir dies auf das Geschäft an: Die Wahrheit ist, dass die Geschäftswelt viele Straßen mit unterschiedlichen Gefahrengraden hat – ähnlich einer Stadt.

Wie halten wir uns von diesen Risiken fern? Indem man *streetwise* wird. Auch wenn viele Leute glauben, dass man mit Street-Smart-Genen geboren wird oder nicht, kann man dies durchaus erlernen. Street-Smarts sind versiert, haben Bauchgefühl, gesunden Menschenverstand und Überlebensfähigkeiten. Eines ist sicher: Eine solche Person ist sich bewusst, was um sie herum vor sich geht und wie sie die Umstände nutzen kann. Derartige Charaktere sammeln, analysieren, suchen und bewerten ständig Geschäftschancen und -bedrohungen. Andere besitzen eine angeborene Fähigkeit, Menschen zu lesen und sich entsprechend zu verhalten. Sie können spüren, ob jemand wirklich ehrlich ist, ob mehr hinter seiner Maske steckt, als es auf den ersten Blick scheint, und erkennen die wahren Beweggründe der Menschen.

Egal wie weit man von der Straße entfernt ist, diese Cleverness ist eine wertvolle Fähigkeit in allen Lebenslagen. Einige behaupten, dass ›auf der Straße zu sein‹ der einzige Weg ist, um clever zu werden. Straßenerfahrung ist in erster Linie das Ergebnis sowohl positiver als auch negativer Erfahrungen. Ein Geschäftsmann, der beispielsweise in der Vergangenheit betrogen wurde, neigt dazu, mit seinen Investitionen vorsichtig zu sein. Du kannst jedoch deine Cleverness verbessern, ohne Zeit in dunklen Gassen zu verbringen. Hier sind einige Hinweise, welche du beachten solltest:

1. **Arbeite eher smart als hart.**

Unternehmer empfinden Befriedigung, wenn sie hart arbeiten, selbst wenn dies bedeutet, ihr Privatleben zu opfern. Kleinunternehmer neigen dazu, viele Stunden zu arbeiten, so dass die Arbeit ihr Leben zunehmend in Anspruch nimmt. Clevere Unternehmer mit Street-Intelligence neigen dazu, ständig mehr zu erledigen, mit besseren Ergebnissen, ohne zu viel zu investieren. Welche Geheimnisse haben sie?

In erster Linie verstehen sie, dass das Geschäft ein Mittel zum Zweck ist. Sie wissen, wann es angebracht ist, zu arbeiten und wann nicht. Sie haben das Delegieren perfektioniert, besonders wenn es um zeitraubende Verwaltungsaufgaben geht. Sie automatisieren auch bestimmte Unternehmensabläufe und entwickeln wiederholbare Abläufe weiter.

Darüber hinaus bestimmen smarte Geschäftsleute die produktivsten Zeiten des Tages. Wenn du ein Morgenmensch bist, kannst du die wichtigen Aufgaben als Erstes erledigen und den Rest des Tages dann für entspannteres Business-Networking nutzen.

2. **Arbeite an zwischenmenschlichen Fähigkeiten.**

Als Unternehmer hast du den ganzen Tag mit Menschen zu tun, seien es Auftraggeber oder Kunden, Unternehmenspartner, Investoren oder Arbeitnehmer. Deshalb musst du über ein Repertoire an sozialen Fähigkeiten verfügen und dieses kontinuierlich verfeinern, um das Beste aus jedem Engagement herauszuholen.

Erfahre, auf welche Weise du sympathisch sein kannst, um Menschen für dich zu gewinnen. Mache dir keine Sorgen, falls dir das nicht in die Wiege gelegt wurde. Man kann dies mit der Zeit lernen. Versuche, dich in die Lage der anderen Person zu versetzen und die Situation aus dessen Blickwinkel zu betrachten. Scheue dich nicht, Fragen zu stellen, um den Standpunkt der anderen Person besser zu verstehen. Wenn du richtig vorgehst, wirst du in der Lage sein, die Motivationen der Menschen zu verstehen, ihr Verhalten vorherzusagen und solide Beziehungen aufzubauen. Ein guter Zuhörer zu sein, geduldig zu sein, einen guten ersten Eindruck zu hinterlassen und anpassungsfähig zu sein, sind einige weitere zwischenmenschliche Fähigkeiten, die sich als hilfreich erweisen.

3. **Sei achtsam.**

Ein kluger Geschäftsführer versteht die Notwendigkeit, sich auf seine Geschäftsabläufe zu konzentrieren und gleichzeitig die Branche und den Markt als Ganzes im Auge zu behalten. Sie recherchieren, bewerten Markttrends und passen ihre Geschäftsprodukte oder -dienstleistungen entsprechend an.

Die Verwaltung des Cashflows eines Unternehmens ist eine elementar wichtige Aufgabe, die versierte Führungskräfte nicht delegieren sollten. Sie wissen, wo jeder Cent hingeht, wann die Gewinnschwelle erreicht ist und wie viel Bargeld sie im Notfall zur Hand haben. Um ein erfolgreicher Unternehmer zu sein, musst du eine professionelle Einstellung zum Geldmanagement einnehmen, auch wenn dir das widerstreben sollte. Du musst kein Finanzgenie sein, um Geld richtig zu verwalten. Alles, was du brauchst, ist Disziplin und unerschütterliche Aufmerksamkeit.

4. **Verinnerliche, dass nahezu alles verhandelbar ist.**

Gehörst du auch zu den Menschen, die für alles den vollen Preis bezahlen? Dann könnte dir einiges an Einsparungen für dein Business entgehen. Für einen cleveren Unternehmer ist fast alles verhandelbar, einschließlich der Miete für die Geschäftsräume, Lieferantenkosten, Personalvergütung, Investorenbedarf und so weiter. In Wirklichkeit zielt jede geschäftliche Kommunikation darauf ab, entweder das Bewusstsein zu schärfen oder zu verhandeln.

Verbringe Zeit damit, deine Verhandlungsfähigkeiten zu verbessern. Berücksichtige die Dynamik des Deals, bevor du mit den Verhandlungen beginnst. Welche sind die Motivationen der einzelnen Spieler? Welche Partei hat die Oberhand über die andere? Wer hat ein größeres Interesse an diesem Deal? Welche Alternativen erwägt die andere Partei? Bestimme, was du aus dem Geschäft extrahieren möchtest, welcher Kompromiss für dich akzeptabel ist und was du nicht bereit bist, zu akzeptieren.

Clevere Unternehmer wissen auch, wie wichtig es ist, das erste Angebot zu machen. Auf diese Weise kannst du die anfänglichen Verhandlungsbedingungen festlegen, sodass sich die Gegenseite verpflichtet fühlt, deinem Angebot zu entsprechen. Nutze jede Gelegenheit, um an den Verhandlungstisch zu kommen, indem du das erste Angebot abgibst, das deinen Interessen zugutekommt. Verhandle, wenn die andere Seite das erste Angebot abgibt. Unabhängig davon, was sie kundtun, die Mehrheit der Menschen ist offen für Kompromisse.

5. **Lasse dich nicht einschüchtern.**

Ein smarter Unternehmer weiß, wie man auch unter Zugzwang eine ruhige Haltung bewahrt. In jeder Beziehung sind diese Menschen selbstbewusst und zögern nicht, ihre Forderungen zu äußern.

Wenn du smarter werden möchtest, musst du , dass die Geschäftswelt außerordentlich wettbewerbsorientiert ist. Selbst, wenn du dich verloren fühlen solltest, darfst du solchen Emotionen nicht nachgeben. Bewahre stattdessen eine ruhige und sichere Haltung, während du nach Lösungen Ausschau hältst.

6. **Anpassungsfähigkeit verleiht dir einen entscheidenden Vorteil.**

Als Unternehmer anpassungsfähig zu sein, verschafft dir einen erheblichen Wettbewerbsvorteil. Es ermöglicht, sich bietende Chancen gewinnbringend zu nutzen. Wenn du beispielsweise Marktlücken bemerkst und schnell das Heft in die Hand nimmst, um diese zu füllen, indem du neue Produkte oder Dienstleistungen kreierst oder bestehende änderst, kannst du dich von langsamen Konkurrenten absetzen.

Geschäftsleute, die zu sehr an eine bestimmte Arbeitsweise gebunden sind, finden es jedoch möglicherweise schwierig, auf Änderungen der Verbraucherbedürfnisse und -präferenzen zu reagieren. Dies bedeutet eine schlechte Nachricht für deren spätere Bilanzen.

7. **Verstärke deine Resilienz.**

Unternehmer zu sein bedeutet, mit Widrigkeiten umzugehen. Selbst die erfolgreichsten Geschäftsinhaber stehen von Zeit zu Zeit vor Herausforderungen. Das Wichtigste ist, dass du wieder aufstehen und weitermachen kannst, wenn es mal schlecht läuft. Eine flexible Denkweise kann helfen, widerstandsfähiger zu werden. Das macht es leichter, Erwartungen und Ambitionen an neue Realitäten anzupassen. So kannst du effektiver den Kurs ändern, um wieder sichere Fahrwasser anzusteuern.

Flexibilität ist eine notwendige unternehmerische Eigenschaft. Obgleich Flexibilität unerlässlich ist, wenn dein

Unternehmen unvorhergesehene Wendungen durchläuft, so glaube ich darüber hinaus, dass Flexibilität eine kluge Eigenschaft ist, welche Unternehmer im Allgemeinen kultivieren sollten – auch dann, wenn die Dinge gut zu laufen scheinen. Ich habe einige Tage darüber nachgedacht. Der Gedanke kam mir, nachdem ich mich mit meinen Kunden beschäftigt und sie beobachtet habe, wie es so häufig der Fall ist. (Typisch für mich – ich bin ausgebildeter Psychologe!)

Das Wissen darüber, wie viele Informationen da draußen vorhanden sind und wie viele scheinbar dringende Ideen um unsere Aufmerksamkeit, Zeit, Energie und unser Geld wetteifern, wurde damit verknüpft. Jeden Tag werden wir mit Hunderten von Angeboten und Einladungen bombardiert, die alle eine gewisse Prüfung und Überlegung erfordern, selbst wenn es nur darum geht, festzustellen, ob wir prinzipiell interessiert sind oder nicht.

Wir werden von der zunehmenden Entwicklung der Technologie und den technischen Ressourcen zunehmend überfordert. Immer mehr meiner Kunden möchten Fortschritte in der Marketingtechnologie nutzen, aber die meisten von ihnen sind bereits überarbeitet und haben keine Zeit, um zu verstehen, was sie eigentlich einsetzen möchten. Der Erfolgsdruck, kombiniert mit Anforderungen an unsere Ressourcen, gepaart mit erhöhter Komplexität, kann zu Überforderung und Überlastung führen. Ich bin mir nicht sicher, ob es an dem heißen Wetter liegt, aber ich bemerke, dass meine Kunden zunehmend gereizt und genervt reagieren.

Sobald die Menschen Anzeichen dafür geben, weiß ich, dass es an der Zeit ist, das Konzept der Flexibilität anzuwenden. Um ein erfolgreicherer Unternehmer zu sein, glaube ich, dass es entscheidend ist, sieben Arten der Flexibilität in dein Leben zu implementieren.

8. **Physische Flexibilität**. Bist du in der Lage, die körperlichen Anforderungen deines Jobs zu bewältigen? Hast du eine Fitness- oder Trainingsroutine, die es ermöglicht, jeden Tag etwas Bewegung zu bekommen, obwohl du die meiste Zeit am Schreibtisch verbringst? Ich habe vor kurzem angefangen, mit einigen neuen Physiotherapie-Klienten zu arbeiten. Diese sagen mir ständig, dass ich jede Stunde mindestens 15 Minuten aufstehen und trainieren muss, damit sich meine Hüftbeuger nicht verengen.

9. **Kognitive Flexibilität**. Darunter versteht man die Fähigkeit, aufgeschlossen und neugierig ein breites Spektrum an Ideen und Möglichkeiten zu bewerten. Je mehr kognitive Flexibilität dir innewohnt, desto einfacher wird es, Antworten auf komplexe Fragen zu erarbeiten. Bewegung, sowie der Kontakt mit neuen Ideen, Fähigkeiten und Interessen tragen dazu bei, die kognitive Flexibilität zu steigern. Zum Beispiel habe ich bemerkt, dass sich meine verbessert hat, als ich meine Talente in der Schmuckherstellung und Digitalfotografie trainiert habe. Ich kann nun neue Ideen, neue Perspektiven und neue Denkprozesse in die von mir durchgeführten Strategieberatungen einbringen. Ich empfehle, einen Weg zu finden, deinen Intellekt regelmäßig zu stimulieren, falls

du diesen Bereich der Selbstentwicklung noch nicht abgedeckt hast.

10. **Finanzielle Flexibilität**. Finanzielle Flexibilität bezieht sich auf die Fähigkeit, deine Einnahmen und Ausgaben richtig zu verwalten, sodass du bei Bedarf etwas Bargeld zur Hand hast. So kannst du Urlaub mit der Familie machen, eine Auszeit nehmen und Kunden oder Projekte, die nicht zu dir passen, mutig ablehnen.

11. **Zeitliche Flexibilität**. Du besitzt eine gewisse Autonomie und Unabhängigkeit bei der Erstellung deines Zeitplans und der Strukturierung des Tages, sofern du zeitlich flexibel bist. Du wirst mal mehr und mal weniger arbeiten und ein Geschäftsplan, der dies zulässt, wird dich zu einem glücklichen Unternehmer machen.

12. **Räumliche Flexibilität**. Das bedeutet, dass du zumindest gelegentlich an einem anderen Ort arbeiten kannst. Im Sommer arbeiten einige meiner unternehmerischen Kollegen von ihren abgeschirmten Veranden aus, während andere in Coworking Spaces und Cafés sitzen. Falls du von zu Hause aus unternehmerisch tätig bist, kann dir das Verlassen des Hauses helfen, neue Verbindungen zu knüpfen und neue Perspektiven zu gewinnen.

13. **Emotionale Flexibilität.** Dies steht meiner Meinung nach mit unserer Belastbarkeit im Zusammenhang und wie wir als Unternehmer durch die Welt navigieren. Emotionale Flexibilität bedeutet, dass wir uns erlauben, ein breites Spektrum an Emotionen zu erleben, aber auch die notwendigen Anstrengungen unternehmen, um uns

emotional so intakt und so gesund wie möglich zu halten. Dies könnte bedeuten, der Work-Life-Balance Priorität einzuräumen, Grenzen gegenüber Kunden zu setzen oder gerade genug Verantwortung zu übernehmen, ohne es zu übertreiben.

14. **Zukunftsflexibilität.** Fühlst du dich sicher und bist gespannt auf die Zukunft, wenn du nach vorne blickst? Glaubst du, dass du in der Lage bist, die gewünschten Ergebnisse zu erzielen? Kannst du dir vorstellen, dass die Zukunft noch besser sein wird als die Gegenwart? Auch für den Fall, dass die gegenwärtige Situation bereits fantastisch ist?

Ein Sprichwort, das ich einmal gelesen habe, lautete ungefähr so:

„Das Ziel ist, flexibel genug zu sein, um sich mit dem Wind zu biegen, ohne zu brechen, und stark genug, um sich mit der Flut zu bewegen, ohne weggeschwemmt zu werden."

Never Applied
Sell yourself
Never Apply for a job again
My-mindguide.com

SELBSTVERTRAUEN ALS UNTERNEHMER

Als Unternehmer ist Selbstvertrauen eine der wichtigsten Eigenschaften. Niemand wird mit einem Gefühl der Selbstsicherheit geboren. Es ist eine Fähigkeit, die durch Übung erworben wird. Bevor du etwas perfektionieren kannst, musst du üben. Wenn mangelndes Selbstvertrauen dich am Erfolg hindert, ist es an der Zeit, deine Selbstvertrauensmechanismen zu stärken. Bist du bereit, fünf Möglichkeiten zu entdecken, wie du dein Selbstvertrauen stärken und dein Unternehmen zu neuen Höhen führen kannst?

Selbstvertrauen gewinnt man mit der Zeit.
Wenn es darum geht, ein Unternehmen zu gründen, haben dein Selbstbild und deine Fähigkeiten einen großen Einfluss auf alles, was du tust. Du kannst ein hochintelligenter Geschäftsmann sein und trotzdem von dem Gefühl zurückgehalten werden, dass du keinen Erfolg verdienst. Dies führt zwangsläufig in die Katastrophe. Ohne Selbstbewusstsein kommt man nicht weit.

Jeder, der schon einmal ein Unternehmen gegründet hat, weiß, wie aufregend das sein kann. Wenn die Dinge gut laufen, wird man schnell übermütig. In der Wirtschaftswelt kann man jedoch nicht erwarten, immer an der Spitze zu stehen. Es wird

Zeiten geben, in denen du gegen deine Ängste ankämpfen musst. Das ist der Punkt, an dem wir einen Reifegrad erreichen, der es uns erlaubt, unser Leben neu zu bewerten. Und wie sollten wir es bewerten? Indem wir eine Bestandsaufnahme machen, wo wir stehen, wohin wir wollen und wie wir dorthin gelangen können. Diese Phase sollte als Gelegenheit angesehen werden, neue Dinge auszuprobieren und gleichzeitig dem ursprünglichen Ziel treu zu bleiben. Vielleicht haben wir die Bedeutung der Situation anfangs nicht verstanden, aber im Laufe der Zeit wurde uns klar, dass dies das Beste war, was uns passieren konnte.

Ebenso fragst du dich vielleicht, ob du das Zeug dazu hast, weiterzumachen. Es ist durchaus akzeptabel, Momente des Selbstzweifels zu erleben. Falls du jedoch jede Entscheidung, die du triffst, von deinen Ängsten kontrollieren lässt, wird dies zu einem großen Hindernis auf dem Weg zum Erfolg. Dieses Denken dient einfach als Nährboden für ein geringes Selbstwertgefühl. Wenn es um Business und Selbstvertrauen geht, läuft alles darauf hinaus, Angst in konzentriertes Denken, Kommunizieren und Handeln umzuwandeln. Hindernisse werden zu Chancen, Schwächen zu Vorteilen und Rückschläge zu Durchbrüchen – wenn du selbstbewusst bist.

Es ist leicht zu erkennen, wie wichtig Selbstvertrauen im Unternehmertum ist, wenn man das einmal begriffen hat. Umso klarer wird, warum Selbstvertrauen unerlässlich ist, um unweigerlich kommende Rückschläge zu überstehen. Vielen Menschen ist jedoch nicht bewusst, dass sie vollen Einfluss auf ihr Selbstbewusstsein haben. Es ist keine Eigenschaft, mit der sie geboren werden. Menschen können mühelos und konsequent Selbstvertrauen aufbauen.

EINE UNTERNEHMERISCHE PHILOSOPHIE

Das Konzept des Unternehmertums gibt es seit Hunderten von Jahren und es hat sich seit seinen Anfängen stark weiterentwickelt. Während viele Menschen darüber nachdenken, ein eigenes Unternehmen zu gründen, haben sich die meisten Ökonomen tiefgreifende Gedanken darüber gemacht. Ökonomen definieren einen Unternehmer als jemanden, der bereit ist, bei einer neuen Gelegenheit ein Risiko einzugehen, in der Hoffnung, einen großen Gewinn zu erzielen.

Was ist also die Definition von Unternehmertum? Es gibt eine Menge Dinge zu beachten. Unternehmer befinden sich auf der Suche nach Veränderungen, nach Lösungen und nach Möglichkeiten, den Status Quo zu verbessern. Unternehmer haben viele Möglichkeiten, ihre Träume zu verwirklichen und etwas Großartiges zu erreichen.

Beginne noch heute etwas Großartiges, sofern noch nicht geschehen! Gehe das Risiko ein!

Wir alle wollen erfolgreich sein. Wenn du den meisten Menschen ähnelst, dann hast du viel Zeit damit verbracht, darüber zu diskutieren, was Erfolg ist, wie man erfolgreich wird und woran man erkennt, wann die Ziele erreicht wurden.

Der mittlere Schritt – davon wegzukommen, darüber zu fantasieren, was man haben möchte – erscheint oft unerreichbar. Manchen Menschen scheint es leichter zu fallen, den Höhepunkt der möglichen Errungenschaften zu erreichen . Was lässt dich denken, dass du einer dieser Menschen bist? Nun, da du weißt, was Unternehmertum ist, wie wirst du zu einem solchen Unternehmer? Ein Unternehmer zeichnet sich durch mehrere charakteristische Merkmale aus. Kreativität, Hingabe, Entschlossenheit, Flexibilität, Führungsqualitäten und Leidenschaft sind nur einige davon.

Dir muss Innovation im Blut liegen, wenn du etwas erreichen willst, an das vorher noch nicht gedacht wurde. Dies ist der Drang nach neuen Ideen und Verbesserungen des Bestehenden. In Bezug auf das Engagement arbeitest du selbstständig und solltest jeden Tag eine bestimmte Anzahl von Stunden, möglicherweise gar an sieben Tagen pro Woche, aufwenden. Um in einem Online-Business erfolgreich zu sein, musst du engagiert sein. Auf deinem Weg zum Erfolg wirst du zweifellos Widrigkeiten erleben. Hier setzt die Eigenschaft der Hingabe an, um dir zu helfen, die schwierigen Momente zu überstehen. Als Unternehmer wirst du schnell feststellen, dass die Welt stets in Bewegung ist. Du musst anpassungsfähig sein, um mit dem ständigen Wandel und der Entwicklung Schritt zu halten.

Du musst eine intensive Leidenschaft für dein Business entwickeln und eine starke Führungskraft sein. Es gibt niemanden, der dir sagt, was du tun sollst oder wann du es tun sollst. Wenn du über starke Managementfähigkeiten verfügst, ist es ein Kinderspiel, konzentriert zu bleiben und auf Ziele hinzuarbeiten. Entrepreneurships sind zu einem beliebten Trend geworden. Mehrere Faktoren haben dazu beigetragen. Dank Social-Media können Geschäftsleute heute mit Tausenden von Zuschauern, Kunden oder Lesern weltweit erfolgreich Marketing betreiben. Darüber hinaus haben die Turbulenzen der aktuellen Wirtschaftslage zu Arbeitsplatzverlusten und der Abschaffung des traditionellen Berufswegs geführt. Für einige Auserwählte ist die Entscheidung für eine unternehmerische Tätigkeit häufig durch den Wunsch motiviert, das Drama eines traditionellen Berufsweges zu vermeiden und stattdessen eine innovative Idee oder Ambition zu verfolgen. Andere werden es als Chance sehen, aus einem Hobby oder Nebenprojekt ein marktfähiges Produkt zu machen. Was auch immer dich motiviert, eine Karriere als Unternehmer anzustreben, zunächst musst du dir über einige grundlegende Kriterien klar sein.

Wenn du nicht auf Anhieb erfolgreich bist, versuche es erneut. Unternehmerdynastien und Berühmtheiten steigen nicht aus dem Nichts empor. Erfolgreiche Unternehmen basieren auf dem Prinzip von Trial & Error und manchmal einfach auf Glück. Eine der wichtigsten Fähigkeiten, die ein Unternehmer haben kann, ist Ausdauer. Eine positive Einstellung zu bewahren ist wesentlich für den Erfolg. Es wurde viel über erfolgreiches Vorgehen geforscht. Ständiges Lernen, technische Fähigkeiten, Selbstvertrauen, Kooperationen, Risikobereitschaft, Analysefähigkeiten und Reaktionsvermögen sind einige dieser Eigenschaften. Für Menschen, die in eine Zukunftsbranche einsteigen möchten, sind diese besonderen

Eigenschaften entscheidend, um zu effektiven Arbeitgebern und – was noch wichtiger ist – zu großartigen Schöpfern zu werden. Darüber hinaus kann strategisches Denken bei der Entwicklung von persönlichen, wie geschäftlichen Zielen und Visionen für ein Projekt helfen. Strategische Arbeit ist entscheidend und wird jeden Tag oberste Priorität haben.

Ein Life Coach kann positive Psychologie und andere Aufmerksamkeitstrainingsstrategien unterstützen. Diese Fähigkeiten erhöhen die Lernbereitschaft und verwandeln Leidenschaft und Wissen in konkrete und marktfähige Vermögenswerte, die zu einem erfolgreichen Unternehmen führen. Der Unternehmer, der sich stark auf positive Psychologie spezialisiert hat, entwickelt eine gesunde Arbeitsatmosphäre, die eine hohe Produktivität und Mitarbeitermotivation fördert.

Es ist entscheidend, sich zu organisieren und stabile Arbeitsgewohnheiten zu etablieren, wenn man als Unternehmer arbeitet. Der Gedanke, kostenlos zu arbeiten, mag anderen fremd erscheinen. Einer der Nachteile des Unternehmertums besteht jedoch darin, dass du etliche unbezahlte Stunden aufwenden musst, um dein Unternehmen beim Wachstum zu unterstützen. Da diese Initiativen für viele ein geringes Budget beinhalten, werden die routinemäßigen Aspekte eines Unternehmens in diese Aktivität einbezogen. Es ist wichtig, sowohl die mühsame Aufgabe als auch den spannenden und ansprechenden Workshop zu absolvieren. Frische, kreative Ideen sind erforderlich, aber die praktische Umsetzung dieser Ideen unterscheidet erfolgreiche Unternehmen von den anderen. Es stehen viele Tools zur Verfügung, die bei Empfehlungen zu Arbeitsgewohnheiten und eigenen Lernaufgaben helfen.

Die Ausübung einer unternehmerischen Tätigkeit ist eine hervorragende Möglichkeit, deinen idealen Lebensstil zu pflegen und gleichzeitig einen Beitrag zur Gesellschaft zu leisten. Während dieser Weg manchmal unangenehm und schwierig ist, kann er auch eine fantastische Chance bieten, eine Umgebung zu schaffen, die nachhaltig relevant ist. Es ist nicht weiter verwunderlich, dass in einer Welt, in der Ideen die Wirtschaft antreiben, Innovation und Unternehmertum normalerweise als untrennbare Puzzleteile betrachtet werden. Regierungen auf der ganzen Welt erkennen allmählich, dass die Menschen ermutigt und geschult werden müssen, über den Tellerrand hinaus zu denken, um die Entwicklung aufrechtzuerhalten und die Wirtschaft eines Landes voranzutreiben. Die schnellsten Methoden der Unternehmensführung garantieren nicht mehr den finanziellen Erfolg in der Zukunft.

Als Ergebnis dieser unvermeidlichen Transformation überdenken Regierungen die Art und Weise, wie junge Menschen erzogen werden, indem sie neue Konzepte und Innovationen in den Lehrplan einbeziehen. In ähnlicher Weise betonen sie das Ziel, zukünftige Unternehmer auszubilden, indem sie unternehmerische Konzepte in das Bildungssystem integrieren, hauptsächlich auf der tertiären Ebene.

Unsere jüngere Generation ist die Zukunft des Unternehmens. Es ist entscheidend, eine unternehmerische Lebensweise so früh wie möglich zu fördern, wenn eine starke und dauerhafte unternehmerische Philosophie gefördert werden soll. Wir wären besser in der Lage, einen zunehmenden Anteil von Unternehmensgründungen und -erweiterungen zu initiieren, wenn mehr Wert darauf gelegt würde, die Kernelemente des

Unternehmertums zu vermitteln. Wenn Menschen Motivation fänden, sich auf die Industrie zu konzentrieren, und eine nach außen gerichtete Vision annähmen.

VORSCHLÄGE FÜR DEN WEG ZUM LEBENSUNTERNEHMER

Unternehmer werden nicht von ihrem Alter limitiert. Dennoch führt das Unternehmertum in späteren Phasen des Lebens mitunter zu multiplen Herausforderungen.

Bedenke die folgenden Aspekte, falls du als Senior ein Geschäft aufbauen möchtest:

1. Lasse nicht zu, dass Dritte deine Ambitionen unterdrücken. Wenn du älter wirst, begegnen dir möglicherweise Menschen, die versuchen, dich vom Unternehmerleben fernzuhalten.

Deine Familie und deine Freunde mögen das Beste im Sinn haben, dennoch können sie dich beim Erreichen deiner Ziele limitieren.

Sie können dich ebenso daran erinnern, dass die Gründung eines neuen Unternehmens mit zunehmendem Alter schwieriger wird, da du verschiedenen, anderen Verpflichtungen unterliegst. Wenn du ein Unternehmen gründest, können Kinder, familiäre Umstände und andere Faktoren viel Zeit in Anspruch nehmen und Probleme bereiten. Das Verständnis, dass diese Hindernisse bestehen, kann dir jedoch dabei helfen, Notfallpläne für den Fall zu erstellen, dass die Zeit knapp wird.

2. Schere dich nicht um dein Alter. Träume haben kein Verfallsdatum und Unternehmer haben keine Altersbeschränkungen. „Du bist nur so alt, wie du dich fühlst", sagt man nicht umsonst.

Wenn du also erwägst, dich an die mühsame Aufgabe zu machen, eine neue Firma zu gründen, lasse dein Alter nicht der entscheidende Faktor sein, wenn du deine Pläne vorantreibst.

3. Sei bereit, etwas über andere zu lernen. Die erfolgreichsten Geschäftsleute sind offen für das Erlernen neuer Konzepte.

   Bleibe über Fortschritte in deiner Branche auf dem Laufenden, indem du entweder nah am Geschehen bist oder Mitarbeiter oder Auftragnehmer einstellst, die auch dafür verantwortlich sind.

   Die Suche nach einem Mentor mit einem erfolgreichen Unternehmen in deinem Bereich kann deinem neuen Unternehmen helfen, schnell profitabel zu werden, bzw. dich auf profitables Wachstum einzustellen.

4. Hole dir die Hilfe deiner gesamten Familie. Wer den Haushalt führt, ist auch häufig besorgt über das Geschäft.

   Deine Kinder wollen dich bei der Unternehmensgründung unterstützen? Ist dein Partner von deinen Ideen fasziniert und arbeitet gern mit dir zusammen? Deine Familie kann vielleicht dabei behilflich sein, deinen Traum zu verwirklichen.

5. Denke darüber nach, wie sich das Geschäft auf dein Privatleben auswirkt. Welche Folgen hat die gewerbliche Tätigkeit auf die Familie und deine Fähigkeit, regulären Tätigkeiten nachzugehen? Eine neue Unternehmensmission

mag spannend sein, hat aber oft Konsequenzen. Es ist wichtig, die Gesamtauswirkung des neuen Unternehmens auf dein persönliches Leben zu berücksichtigen. Wirst du in der Lage sein, Zeit mit deinen Kindern und deinem Partner zu verbringen, wenn du dein Unternehmen gründest?

Deine Finanzen sind ein weiterer Bereich, der durch die Gründung eines neuen Unternehmens stark beeinträchtigt werden kann. Wie willst du das Unternehmen finanzieren? Wenn dein Plan die Ausschöpfung aller Mittel oder die Aufnahme neuer Schulden erfordert, kann dies Auswirkungen auf die gesamte Familie haben. Bevor du Änderungen vornimmst, musst du dies mit den betroffenen Personen diskutieren.

6. Betrachte den Einfluss deiner Eltern auf das Unternehmen. Wenn deine Mutter und dein Vater älter werden, werden sie möglicherweise abhängiger von dir. Wirst du in der Lage sein, die Anforderungen eines Unternehmens zu bewältigen und dich gleichzeitig um sie zu kümmern?

   Als jüngerer Unternehmer musst du dich möglicherweise lange Zeit nicht um die Pflege deiner Eltern sorgen. Als älterer Unternehmer hast du diesen Luxus jedoch nicht. Möglicherweise musst du auch mehrere Rollen gleichzeitig ausfüllen. Wie würdest du deine Finanzen und den gesamten Lebensstil handhaben, um alles unter einen Hut zu bekommen? Kannst du es dir leisten, ein neues Unternehmen zu gründen, während deine Eltern um deine Hilfe ersuchen? Du kannst in jedem Alter ein erfolgreicher Unternehmer werden und ein starkes Unternehmen aufbauen. Es ist jedoch wichtig, sich möglicher Hindernisse bewusst zu werden und Strategien zu deren Überwindung zu entwickeln.

Hoffe auf das Beste und glaube an dich.
Bei der Rentabilität geht es genauso um Selbstvertrauen wie um alles andere. Menschen, die ständig an sich selbst zweifeln, können ihre Ziele nicht erreichen, weil ihre schlechten Gedanken kontraproduktiv wirken und sie daran hindern, die Dinge zu erreichen, die sie tun möchten. Daher ist der Glaube an sich selbst der erste Schritt zu einer erfolgreichen Einstellung.

DER UMGANG MIT ZWEIFLERN UND PESSIMISTEN

Wenn du dir ein Ziel setzt, stößt du möglicherweise auf Zweifel oder dein Ziel wird gar als lächerlich oder unerreichbar abgetan. Vielleicht hörst du auch eine kleine Stimme in deinem Kopf, die dir sagt, dass du nicht tun kannst, was du willst. Wenn du etwas erreichen möchtest, musst du eine Technik finden, um deine inneren Kritiker und die Zweifler in deinem Leben zum Schweigen zu bringen. Beiden zuzuhören kann deine guten Absichten ruinieren und dich am Erfolg hindern.

Wenn es um die Skeptiker geht, haben wir drei Möglichkeiten:
- Ignoriere sie und lasse deren Destruktivität an dir abperlen.
- Spreche mit ihnen und fordere sie auf, nicht mehr so pessimistisch zu sein.
- Halte dich von ihnen fern.

Die entsprechende Präferenz kann auch von Person zu Person unterschiedlich sein. Manchmal sind sich Freunde und

Familienmitglieder nicht bewusst, dass sie negativ wirken. Wenn dies der Fall ist, kann ein einfaches „Hey, ich würde mich freuen, wenn du einen Weg finden könntest, meine Ziele positiver zu sehen“ ausreichen. Manche Menschen zögern oder sind nicht in der Lage, ihre negativen Emotionen zu kontrollieren. Wenn das der Fall ist, musst du entscheiden, ob du dies ausblenden kannst oder ob du dich besser von diesen Personen fernhältst.

Da du deine internen Kritiker mit dir herumträgst, ist es komplizierter, ihnen aus dem Weg zu gehen. Eine natürliche Lösung besteht darin, das Negative neu zu formulieren und sich vorzustellen, dass du nicht mit dir selbst redest, sondern mit einem Kumpel. Du wärst nicht unhöflich oder unsensibel zu einem Freund, also sei auch nicht hart oder grausam zu dir selbst!

Identifiziere deine Stärken und Schwächen.
Wenn du dir über deine Stärken im Klaren bist, hast du es bedeutend einfacher, an dich selbst zu glauben. Warum also nicht etwas Spaß mit den Dingen haben, die du gut beherrschst?

Das Erstellen einer Liste der Dinge, in denen du hervorragst, kann dabei helfen, eine selbstbewusste Denkweise zu entwickeln. Bist du ein geborener Verkäufer? Bist du ein Vorreiter? Was ist ein Anführer? Erstelle eine Liste deiner besten Eigenschaften und Fähigkeiten und verwandle sie dann in Affirmationen. Betrachte diese Liste, bevor du in ein Meeting, eine Verhandlung oder Planungssitzung gehst, und erinnere dich daran, dass du ein starker Verhandlungsführer oder Redner bist. Es wird dich bestärken und dazu verhelfen, eine positive Einstellung zu bewahren.

Schüttle Ängste und negative Gedanken ab.
Nach deinen Ängsten und negativen Gedanken zu suchen und Wege zu finden, diese zu überwinden, ist das Gegenteil davon, deine Stärken zu erkennen. Wir alle haben vor etwas Angst. Was uns unterscheidet, ist der Umgang mit unseren Ängsten. Wenn du negative Gedanken hast, versuche, sie in etwas umzuwandeln, das du einem Freund mitteilst. Du kannst sogar deine schlechten Ideen aufschreiben und sie dann mit einer fantastischen Wendung neu gestalten.

Ängste hingegen sind etwas komplizierter. Du musst dich aktiv mit ihnen auseinandersetzen. Suche nach Möglichkeiten, dich mit den Werkzeugen auszustatten, die es bedarf, um Furcht zu überwinden. Jeder, der zum Beispiel Angst vor öffentlichen Reden hat, kann *Toastmasters* beitreten, um Rat und Ermutigung von anderen Mitgliedern zu erhalten.

Entwickle eine Geschäftsstrategie.
Menschen können manchmal aufgrund mangelnder Voraussicht scheitern. Mit einem detaillierten Plan zum Erreichen aller Ziele hast du bessere Erfolgschancen. Es braucht Zeit und Arbeit, um ein Geschäftslayout zu erstellen. Du musst spezifische Ziele berücksichtigen und sie in überschaubare Teile splitten. Erstelle eine Liste dessen, was du benötigst und wie du dies bekommst, sowie eine Liste für dringende, mittelfristige und langfristige Ziele. Das Schreiben eines Geschäftsdiagramms bietet folgenden Vorteil: Es ermöglicht, die Ziele zu verdeutlichen.

Es hilft, festzustellen, ob deine Mission zu gewagt oder auch nicht mutig genug ist. Du wirst klarer sehen und zudem über eine Vorlage verfügen, um Investoren, Partner und andere dazu zu bringen, über dein Unternehmen zu sprechen. Es mag nach viel Aufwand klingen, aber die Zeit, die du in einen solchen Plan investierst, kann auch die Entwicklung einer erfolgreichen Denkweise begünstigen.

Akzeptiere Ratschläge erfolgreicher Persönlichkeiten.
Es ist leicht, entmutigt zu werden, wenn man ein hohes Ziel anstrebt. Vielleicht betrachtest du erfolgreiche Menschen und sagst dir, dass du das, was diese Leute erreicht haben, nicht erreichen kannst – oder dass sich diese Menschen fundamental von dir unterscheiden. Die Wahrheit ist, dass wir alle auf irgendeine Weise ins Straucheln geraten. Beschäftige dich mit dem Weg erfolgreicher Menschen, die schwierige Fragen oder andere Herausforderungen gemeistert haben. Stephen Kings Roman *Carrie* zum Beispiel wurde von fast 30 Verlagen abgelehnt, bevor er schließlich angenommen wurde. Er wäre nicht einer der bekanntesten und profitabelsten Autoren der Welt geworden, wenn er einfach aufgeben würde.

Wusstest du, dass Bill Gates eine erfolglose Werbeagentur leitete, bevor er Microsoft gründete? Und war dir klar, dass Walt Disney vom "Kansas City Star" gefeuert wurde, weil sein vorgesetzter Redakteur meinte, ihm fehle es an Originalität und er habe keine guten Ideen?

Der Punkt ist, dass du keinen Erfolg haben wirst, wenn du dich von Kritikern zurückhalten lässt. Der einzige Weg zum Erfolg ist, an sich selbst zu glauben.

Ideen auf die Probe stellen, um zu sehen, ob sie taugen.
Wahrscheinlich hast du zahlreiche Ideen. Einige sind gut, während andere, seien wir ehrlich, nicht so toll sind. Wie

können wir wissen, welche etwas taugen? Indem wir sie auf die Probe stellen!

WARUM IST ES WICHTIG, IDEEN UND PRODUKTE ZU TESTEN?

Es ist nicht schwer, zu verstehen, warum es notwendig ist, Ideen und Produkte auszuprobieren. Wofür würdest du dich entscheiden?

1. Zeit und Geld mit der Entwicklung und Markteinführung eines Produkts zu verbringen, nur um festzustellen, dass es sich nicht so gut verkauft, wie erwartet?

2. Die Idee testen und verfeinern, bevor du hart verdientes Geld in die Markteinführung investierst?

Ist die Lösung nicht offensichtlich? Eine effektivere Methode ist es natürlich, zuerst einige Zeit damit zu verbringen, die Dinge auf Herz und Nieren zu überprüfen. Im Anschluss hast du eine Vorstellung davon, ob deine Idee funktionieren wird, wenn diese hinreichend getestet, perfektioniert und erneut getestet wurde.

Marktanalyse betreiben.

Eine Möglichkeit, deine Erfolgschancen zu verbessern, besteht darin, zu recherchieren, bevor du viel Zeit und Geld in die Gründung deines Unternehmens investierst. Dies könnte bedeuten, dass du dein Konzept einigen engen Freunden oder Familienmitgliedern vorstellst oder Feedback von den Lesern deines Blogs einholst. Bei Gegenständen ist es etwas schwieriger. Du kannst jedoch eine Google-Suche nach Dingen in deiner Marktnische durchführen oder ein paar Minuten damit verbringen, Amazon zu durchleuchten, um zu sehen, was verfügbar ist. Wenn es bereits ein Produkt gibt, das genau das tut, was deines zu tun vermag, solltest du noch einmal evaluieren.

Der wichtigste Aspekt beim Testen von Ideen besteht darin, sicherzustellen, dass du ein einzigartiges Leistungsversprechen vorweisen kannst. Das ist das Alleinstellungsmerkmal deines Produkts oder Konzepts, welches niemand sonst besitzt! Dein Leistungsversprechen kann sich auf Funktionalität oder Preis beziehen. Jedoch ist es von großer Wichtigkeit, dass du dich in irgendeiner Weise von der Konkurrenz abhebst.

Probleme identifizieren und Lösungen entwickeln.

Wenn du ein Produkt oder eine Dienstleistung anbieten kannst, um ein Problem deiner Zielgruppe zu lösen, hast du bessere Erfolgschancen.

Indem du dich beispielsweise auf ein Coachingkonzept für diejenigen konzentrierst, die tagsüber arbeiten, kannst du möglicherweise eine Nische für dich selbst erschließen. Das ist ein Problem, das möglicherweise nicht von anderen angegangen wird, also könnte es zu deinem Alleinstellungsmerkmal werden!

Kleine Schritte auf dem Weg zum Erfolg: Definierte Zielmarken.

Weißt du, wie man an die Ziellinie gelangt? Es beinhaltet mehr als nur zu sagen: „Ich brauche ein erfolgreiches Geschäft." Vielleicht hast du bereits einmal von SMART-Zielen gehört. Es beinhaltet die Festlegung definierter, messbarer, realistischer, angemessener und zeitnaher Ziele. In diesem Buch geht es um eine erfolgreiche Denkweise, aber ›Erfolg‹ ist kein klar definierter Begriff, um Ziele zu definieren. Hier sind einige Beispiele für konkrete SMART-Ziele:

- Baue ein Ersatzgeschäft auf.
- Generiere im ersten Jahr einen Umsatz von 50.000 Euro.
- Gewinne innerhalb eines Monats zehn neue Kunden.

Du wirst feststellen, dass diese Ziele alle explizit und erreichbar sind, sowie messbar und zeitnah, im Falle von umsatz- und kundenbasierten Zielen. Frage dich ehrlich, ob deine Ziele SMART sind. Wenn nicht, optimiere diese, bis sie es sind.

Vorkehrungen für Fehler treffen.

Vermutlich glaubst du, dass die Planung des Scheiterns etwas schräg anmutet. Das tut es, aber es ist auch eine umsichtige Sache, dieses Szenario zu überdenken. Frage dich, was du tun solltest, falls du scheiterst, bevor es richtig zu laufen beginnt. Überlege weiter und treffe Vorkehrungen. Akzeptiere, dass es ein Restrisiko gibt – und denke daran, dass du so lange im Spiel bist, bis du vom Feld gehst. Im Anschluss erörtern wir den kommenden Schritt im Falle eines Scheiterns. Erfolgreiche Menschen lernen aus ihren Fehlern und auch du wirst auf die gleiche Weise dazulernen.

Die Begehung von Fehlern und das Ziehen der richtigen Schlüsse.

Jede dunkle Wolke enthält einen Hoffnungsschimmer, genauso wie ein Fehlschlag. Es ist ein Klischee zu behaupten, dass Fehler Wachstumschancen bieten, aber nur weil es ein berühmtes Sprichwort ist, heißt das nicht, dass es komplett falsch ist. Fehler – wie Misserfolge – zeigen, wer wir sind. Wir alle tragen daran schuld. Was den Unterschied zwischen Erfolg und Misserfolg ausmacht, ist, wie wir damit umgehen.

Warum scheitern Unternehmen?

Es ist eine Herausforderung, ein neues Geschäft auf die Beine zu stellen. Gründe für das Scheitern von Start-ups sind vielfältig. Im Folgenden sind einige der häufigsten aufgeführt:

Die Unfähigkeit, sich zu konzentrieren, schnelle Skalierung und das Scheitern beim Aufbau eines Teams.

Wir haben bereits über die Fokussierung auf Kunden gesprochen. Verfolgen wir dies, haben wir schon viel erreicht, da wir nicht über uns selbst grübeln und uns stattdessen um Außenstehende kümmern. Wenn wir versuchen, zu viele Dinge gleichzeitig zu tun, bekommen wir Konzentrationsprobleme. Das Vereinfachen von Zielen, um sich auf ein einzelnes Produkt oder Konzept zu konzentrieren, hilft dabei, achtsam zu bleiben.

Skalierung ist ein Faktor, der einen Geschäftsinhaber ins Trudeln geraten lassen kann. Lasse dein Unternehmen natürlich wachsen und skaliere nur dann, wenn der Zeitpunkt dafür reif ist. Wir werfen zu gegebener Zeit einen Blick auf den Aufbau eines erfolgreichen Teams, doch eines kannst du dir vormerken: Du kannst nicht alles allein bewältigen!

Never Applied
NEVER.
GIVE.
UP.
My-mindguide.com

SELBSTENTWICKLUNGS-IDEEN FÜR UNTERNEHMER

Unternehmer befinden sich in einer herausfordernden Situation. Sie müssen in vielen Dingen gut sein, haben aber wenig Zeit. Den meisten Unternehmern stehen nur begrenzt Zeit, Energie und andere Ressourcen zur Verfügung, welche sie für ihre persönliche Weiterentwicklung aufwenden können. Gleichzeitig sind Unternehmer jedoch in der Lage, den größten Nutzen aus der Verbesserung ihrer Kenntnisse und Fähigkeiten zu ziehen.

- Selbstentwicklung ist ein kniffliger Balance-Akt, der sorgfältig geplant sein will.

- Falls du ein Unternehmer bist, ziehe die folgenden Ansätze in Erwägung, um deine Selbstentwicklung erfolgreich voranzutreiben:

Überlege genau, was du herausfinden möchtest. Schätze deine Bedürfnisse und Schwächen ein und wähle aus, wo Bedarf besteht. Was wird dein Leben oder dein Geschäft voranbringen? Unternehmer haben wenig Zeit, daher ist es wichtig, eine kluge Entscheidung zu treffen, wie du deine kostbaren Stunden für die Selbstentwicklung investierst.

Stelle dir die folgenden Fragen:
„Was würde mein Leben oder mein Glück am ehesten begünstigen?"

„Was bringt mein Business am ehesten voran?"

Verkäuferische Fähigkeiten. Ohne Kunden oder Interessenten ist es schwer, Geld zu verdienen. Verkaufsfähigkeiten gehören oft zu den wertvollsten Eigenschaften für Unternehmer. Falls du jedoch nicht über das gewünschte Einkommen verfügst, könnte die Verbesserung deiner Verkaufsfertigkeiten eine logische Wahl für deine Bemühungen zur Selbstentwicklung sein.

Marketingfähigkeiten. Wenn die Leute nichts über dein Unternehmen wissen, wirst du Probleme haben. Es gibt heute unzählige kostengünstige Marketingmöglichkeiten für Unternehmer. Vielleicht profitiert dein Business davon, wenn du dich dazu entschließt, diese entscheidende Fähigkeit stärken.

Soziale Fähigkeiten. Networking, Gewinnung und Pflege von Kundenkontakten und Partnern kann ein bedeutender Faktor des Erfolges eines Unternehmers sein. Falls deine sozialen Fähigkeiten unterdurchschnittlich sind, wird dein Unternehmen Probleme haben. Jeder kann sich an exzellenten sozialen Fähigkeiten erfreuen, egal ob er Unternehmer ist oder nicht. Öffentliches Sprechen ist eine Möglichkeit. Der Fokus darauf wird eine praktische Fähigkeit mit sich bringen. Es kann Vertrauen und Sicherheit im Umgang mit Menschen aufbauen. Auf Konferenzen zu sprechen ist häufig eine authentische

Art, deine Dienstleistungen oder Produkte einem größeren Publikum zugänglich zu machen und zu verkaufen.

Hast du Ziele? Viele Unternehmer würden gern ein Spektrum vernünftiger und praktikabler Ziele haben, auf die sie hinarbeiten können. Das Setzen und Streben nach Zielen kann eine wertvolle Fertigkeit sein, die es zu entwickeln gilt. Es ist eine Fähigkeit, die auch in anderen Lebensbereichen nützlich sein wird. Konzentration, Disziplin und Ausdauer. Drei Eigenschaften, von denen alle Unternehmer mehr gebrauchen könnten. Sollte dir eine dieser Eigenschaften fehlen, musst du ein Programm implementieren, das diese Lücke füllen kann. Weitere Qualitäten, über die es lohnt, bewusst nachzudenken, beinhalten Stressresistenz, Selbstvertrauen und Motivation.

Zeitmanagement. Unternehmer stehen häufig unter Zeitdruck. Am nächsten kommt man einem Ausflug ins Nichtstun, wenn man einen Weg findet, seine Zeit effektiver zu verwalten. Die meisten Kleinunternehmer kümmern sich nicht richtig um sich selbst. Zu wenig Schlaf, zu viele ausgelassene Mahlzeiten, schlechte Lebensmittelqualität und Bewegungsmangel sind schwerwiegende Beeinträchtigungen der Gesundheit. Deine Gesundheit zu einer Priorität zu machen und gesunde Gewohnheiten aufzubauen, ist der einfachste Weg, um Zeit in die Selbstentwicklung zu investieren.

Unternehmer sind berüchtigt für problematische Beziehungen. Der Zeitaufwand für die Führung eines Unternehmens und der damit verbundene Stress sind oft eine echte Belastung für jede Beziehung. Vielleicht ist das Wiedererlernen der Führung einer besonderen Verbindung die beste Fähigkeit, die du an diesem Punkt kultivieren kannst. Unternehmer haben wenig Zeit, also müssen sie die Selbstentwicklung intelligent und effizient angehen. Entscheide smart, welcher Bereich der Selbstentwicklung deinem Unternehmen oder Leben am besten dient. Will man vor allem mehr Umsatz machen oder seine Gesundheit stärken? Ist Zeitmanagement die spezifischste Fähigkeit, die es zu optimieren gilt? Analysiere deine Situation und teile deine Stunden der Selbstfürsorge angemessen ein.

Die Rolle des Erfinders, Schöpfers oder Unternehmers, besteht darin, der Meister der Ideen zu sein. Der Erfinder und seine Vision sind die wesentlichen Zutaten, um etwas Besonderes zu kreieren. Der Erfinder, der seine Individualität zelebriert und authentisch zu seinen Werten steht, ist derjenige, der die größte Leichtigkeit darin verspürt, seine Ideen zu entdecken und so seinen kreativen und materiellen Lebenszweck zu erfüllen. Darüber hinaus teilt jeder Erfinder zehn Grundprinzipien, nach denen er arbeitet und lebt und die seinen Erfolg oder Misserfolg bestimmen.

Die Grundlage jeder großartigen Idee beginnt mit diesen Prinzipien. Der Hauptfokus ist, wie wir bereits erwähnt haben, die Fähigkeit, zu glauben, dass alles möglich ist. Viele historische Genies, Erfinder und Revolutionäre wurden zunächst als Verrückte, Ketzer, Träumer oder Phantasten beschrieben. Im Laufe der Geschichte hatte der Erfinder nie eine Persönlichkeit, die sich an einschränkende Überzeugungen oder Denken angepasst hat. Um ein echter Erfinder zu sein, ist es wichtig, dass du einfach und unmissverständlich an Möglichkeiten glaubst.

Der Geist des Erfinders ist ein Labyrinth, in welchem zufällige Gehirnwellen mit hoher Geschwindigkeit in verschiedene unerwartete Richtungen entlang jedes Strangs schießen. Gedanken reisen mit der Geschwindigkeit des Sonnenscheins, bis sie entweder zu einem abrupten Ende kommen, wenn der Gedankenfaden abreißt, oder einen gangbareren Weg in eine andere Richtung finden. Das Gehirn des Erfinders wird nicht stillstehen, bis es eine nachvollziehbare Lösung gibt. Der Erfinder bewegt sich häufig auf einem schmalen Grat zwischen Genie und Wahnsinn. Die Köpfe der Erfinder und ihre Ideen sind einer Flipperkugel nicht unähnlich. Die Freiheit, in jede Richtung zu manövrieren, zu drehen, zu rollen, zu hüpfen und zu fliegen, zeichnet sie aus. Je größer die Leichtigkeit und Kraft, die auf einen Gedanken ausgeübt wird, desto größer ist die Dynamik, die erzeugt wird, um Grenzen zu durchbrechen, genau wie bei der Kugel. Wenn der Verstand des Erfinders eine konstruktiv formulierte Frage aufwirft, ruht das Gehirn nicht, ehe es die Antwort gefunden hat. Das Unterbewusstsein unterliegt keinerlei Einschränkungen.

Richte deinen Fokus ausschließlich auf deine Leidenschaft, Stärke und spezifisches Wissen.

Jeder große Schöpfer, der etwas von bedeutendem Wert zum Leben beigetragen hat, hatte die Weitsicht, seiner Leidenschaft zu folgen und seine Zeit und Energie auf seine außergewöhnlichsten, von Gott gegebenen Talente und Stärken zu konzentrieren. Nur durch intensive Anstrengung und Spezialisierung auf die entscheidenden Fähigkeiten können wir zu etwas Bedeutendem beitragen. Alles Nützliche beginnt nicht etwa mit Mittelmäßigkeit oder Schwäche, sondern mit angeborenen und natürlichen Neigungen und Fähigkeiten.

Arbeite und denke eigenständig.

Eigenständigkeit ist der Schlüssel, der eine höhere Konzentration ermöglicht und gewährleistet, den Fokus auf das eigene Denken zu richten. Allein hat man die Freiheit, Entscheidungen ohne Einmischung anderer zu treffen. Und so entwickeln wir die adaptiven Fähigkeiten, Ressourcen und praktischen Werkzeuge, um unsere Gedankengänge und Instinkte zu erforschen. Die Notwendigkeit, überwiegend allein zu arbeiten und zu denken, spiegelt die Zielstrebigkeit und Führungsqualitäten wider, die dem Kreativen innewohnen. Jede Alternative bedeutet, die Gefahr in Kauf zu nehmen, dass deine Ideen und Gedanken auch von den Einschränkungen, Werten und Träumen anderer beeinflusst und limitiert werden. Was ursprünglich deine Ideen und Innovationen waren, wurde einfach zu einer verwässerten Version einer großartigen Vision oder im schlimmsten Fall zu etwas anderem.

Schütze deine "Kreativwerkstatt" vor der Außenwelt und vor Eindringlingen.

Gekoppelt mit dem Arbeiten und Denken allein ist die Notwendigkeit, das Atelier des Erfinders vor der Realität und vor Eindringlingen zu schützen. Das Atelier oder der Raum des Erfinders kann eine heilige Umgebung für jeden kreativen Geist sein. Es ist dein Ort des Trostes und des Schutzes. Es ist so etwas wie das Zuhause einer Mutter oder der Tresor eines Bankiers. Hier kümmert man sich um seine wertvollsten und schützenswertesten Besitztümer.

Es ist ein heiliger Ort, an dem man sich von der Außenwelt abschotten und seiner Fantasie erlauben kann, mit den neuesten Ideen und Möglichkeiten auf Forschungstour zu gehen. Es ist ein Bereich, der aufgrund seiner Glaubenssätze und Einflüsse von der Realität abgesondert werden muss. Andernfalls kann der Schöpfer nicht erschaffen und der Erfinder nicht erfinden.

Spezialisiere dich nur auf eine Idee zur selben Zeit.
Um etwas Sinnvolles zu erreichen, müssen wir unsere Ressourcen bündeln und uns auf jeweils eine Aufgabe spezialisieren. Indem wir unsere Interessen aufteilen, verlangsamen wir unsere Dynamik und zerstören ihr Potenzial. Es ist wichtig, dass wir unsere Bemühungen einfach zielstrebig auf nur eine Sache konzentrieren.

Schotte deine Idee von der Welt ab, bis das Projekt realisiert ist.
Die Welt ist voller wohlmeinender Individuen, und mit jedem Individuum gehen einzigartige Ideen, Meinungen und Überzeugungen einher. Um die Integrität der eigenen Ideen vollständig zu schützen, sollte man seine Gedanken, ebenso wie die Unschuld eines Kleinkindes so lange wie möglich vor einschränkenden Überzeugungen und authentischen, aber oft negativen Einflüssen des Lebens bewahren. Je länger wir zulassen, dass unsere Ideen inkubieren und vor den Blicken und der Kritik der Welt verborgen bleiben, desto mehr Zeit haben wir, unsere Werte, Instinkte und Überzeugungen voll auszuschöpfen, um ein Produkt unseres Geistes und unserer Inspiration zu schaffen.

Sei beharrlich.
Die wichtigste Gewohnheit für jeden Erfinder ist die der Beharrlichkeit. Beharrlichkeit kann eine Eigenschaft sein, die Fleiß, Engagement, Selbstvertrauen, Weitblick und den

Widerwillen, Misserfolge zu akzeptieren, reflektiert. Die Fähigkeit wiederholt und unbegrenzt weiterzumachen, um ein Ziel zu erreichen, zeugt von Sturheit und Zielstrebigkeit. Etwas, das von großen Erfindern, Schöpfern und Unternehmern gleichermaßen geteilt wird.

Das Detail und die Perfektion einer großen Idee kommen nie als Gedanke in seiner endgültigen Form, sondern im Allgemeinen in seinem rohen und unvollkommenen Zustand hervor. Es sind die Werkzeuge und die Vorstellungskraft des Erfinders, der dieses Konzept mit Beharrlichkeit verfeinert, neu definiert und immer wieder gestaltet. Mit Fleiß verbindet der kreative Erfinder einen Gedanken im Geiste mit Zeichnungen, Bildern, Theorien und Stilmitteln. Bis er schließlich in der Lage ist, sich in die Realität zu wagen. Auf Papier und Schriften, Bilder oder Ideen umzusteigen, bevor ein Projekt seine dreidimensionale Form als Produkt annimmt. Der Wert einer bedeutenden Innovation kann oft durch das Ausmaß an Zeit, Energie und Beharrlichkeit bestimmt werden, die ein Erfinder für seine Idee oder Erfindung aufbringt.

Strebe nach neuen Erfahrungen und Quellen kreativ wirkender Inspiration.

Wir alle brauchen neue Erfahrungen und Einflüsse, um unsere kreativen Fähigkeiten und unser Denken anzuregen. Das Wiederholen immer gleicher Routinen, Verhaltensweisen oder des Denkens in derselben Umgebung schränkt unsere potenziellen Perspektiven ein. Wir müssen den Charakter des Erfinders bewahren, indem wir neugierig und abenteuerlustig sind und neue Impulse für unsere kreativen Innovationen und Stile finden.

Meide destruktive Kritiker.
Die Welt ist voll von Kritikern und Experten. Der feindliche und unkonstruktive Kritiker ist typischerweise eine Privatperson, die Ressentiments über ihre unerfüllten Ambitionen hegt. Sie mögen es vielleicht lieber, ihr Leben damit zu verbringen, die Träume und Bestrebungen aller anderen zu verunglimpfen, als zu planen, eigene einzigartige Ideen zu verfolgen. Vermeide diese destruktiven Geister, da deren Mangel an Anspruch und individuellem Erfolg den Eifer des Erfinders oder Unternehmers nur bremsen und sabotieren wird.

Akzeptanz.
Sei vorbereitet, wenn es darum geht, deiner Intuition und deinen Instinkten zu vertrauen, um dich auf diese verlassen zu können, sobald du eine Idee hast. Sobald man ein Konzept verfolgt, muss man die Weisheit, Überzeugung, Absicht und den tiefen Wunsch haben, die Reise der Schaffung zu beginnen, um ein Konzept in die Tat umzusetzen. Um unseren Zweck zu verwirklichen, müssen wir aus diesen zehn Lektionen lernen und uns folgende Frage stellen:

„Wenn wir unserem authentischen Selbst treu bleiben, wie können wir, zusammen mit unseren speziellen Fähigkeiten und Kenntnissen, eine Antwort auf die größten Hoffnungen oder Ängste der Menschheit finden?“

Zusammenfassung
- Glaube fest, dass alles machbar ist.
- Konzentriere dich nur auf deine Leidenschaft, Stärke und dein Fachwissen.
- Allein arbeiten und nachdenken.

- Schütze dein Erfinderatelier vor der Realität und vor Eindringlingen.
- Spezialisiere dich auf eine Idee zur Zeit.
- Schütze deine Idee vor der Außenwelt, bis sie Wirklichkeit geworden ist.
- Sei beharrlich.
- Strebe nach neuen Erfahrungen und kreativen Inspirationsquellen.
- Meide destruktive Kritiker.

Steve Jobs, Richard Branson und Henry Ford stehen für Erfolg, öffentliche Anerkennung und Macht. Obwohl sie ihre persönlichen Werte unterstützten, verliefen ihre Leben nicht immer reibungslos. Der Aufbau einer unternehmerischen Marke kann wie eine lange Reise sein.

Leidenschaft und Verstand sind gleichermaßen wichtig.
Es benötigt einen Universitätsabschluss, Networking und finanziellen Background, um ein erfolgreicher Unternehmer zu sein. Man stellt dir eine Reihe von Tools zur Verfügung, die du für die Führung eines Unternehmens benötigst. Am wichtigsten sind die Schlussfolgerungen, welche dich motivieren, dein eigenes Geschäft zu führen. Erfolg, finanzieller Reichtum und die Chance, dein eigener Chef zu sein, sind gute Gründe, aber nicht ausreichend, um dich zu motivieren, wenn die Dinge schwieriger werden. Das Geschäft ist – wie das Leben – zyklisch. Um dein eigenes Unternehmen neu aufzustellen, wäre Köpfchen erforderlich. Es braucht ein starkes Zielbewusstsein. Warum wählt man dieses Geschäft anstelle eines anderen? Was lässt uns denken, dass wir glücklicher sind, selbstständig zu überleben, statt unseren monatlichen

Gehaltsscheck zu erhalten? Sind wir in der Lage, jeden Tag des Lebens zu meistern, zu essen und genießen zu können, egal was damit einhergeht?

Du bist dein effizientestes Marketingtool.
Dein Unternehmen besitzt eine Internetseite und Visitenkarten. Es geht darum, zu präsentieren, wer du bist – deine Persönlichkeit, deine Überzeugungen und dein Werdegang. Diese Dinge reflektieren alles, was du tust – dein Team leiten, potenziellen Kunden Vorträge halten, dein Unternehmen führen. Was erfordert es, um jeden Tag in Bestform sein, um Menschen zu Kunden, Geschäftspartnern oder Partnern zu machen?

Die Rekrutierung von Mitarbeitern für dein Unternehmen erfordert ein intensives Kennenlernen. Es geht darum, Menschen zu finden, die ähnliche Grundwerte teilen und daran glauben, dass dein Erfolg auch deren Erfolg ist. Deine Mitarbeiter fördern die Kundenbindung und tragen zum zukünftigen Wachstum des Unternehmens bei. Was können wir tun, um nicht nur die richtigen Fähigkeiten, sondern auch Menschen mit der richtigen Einstellung und Denkweise anzuziehen?

Bei der Unternehmenskultur dreht sich alles darum, wie man leitet – Vision, Authentizität, Stärke bei der Bewältigung von Herausforderungen und die Bereitschaft, auf unterschiedliche Perspektiven einzugehen. Was ist dein Führungsstil?

Selbstbewusstsein ist entscheidend, um ein Unternehmen zu führen, das deinen Werten und Überzeugungen entspricht, ein Team zu motivieren und wiederkehrende Geschäfte zu fördern. Neue Unternehmen eignen sich hervorragend für die Marktexpansion. Treue Kunden sind jedoch besser zu managen, da sie uns kennen und weil deren Bedürfnisse uns bereits bekannt sind. Der Schlüssel ist die Fähigkeit, aus dem Bauch heraus zu agieren. Dein Verstand ermöglicht es dir, Kosten zu berechnen, die gesetzlichen Anforderungen für den Besitz eines Unternehmens zu erfüllen und die Prozesse zu implementieren, die für den Betrieb der Firma erforderlich sind. Dein Herz wird es dir ermöglichen, dich an Menschen zu binden, deine Intuition für Entscheidungen zu schärfen, kreativ zu sein und das Publikum zu beeindrucken.

Bestimme Grenzen.

Jeder hat ein minimales Überlebensbudget. Welches ist deins? In jedem Unternehmen gibt es eine Anfangs- und Aufbauphase, die man finanziell und zeitlich überbrücken muss. In der Expansionsphase sind wir bereit, einen angenehmen Lebensunterhalt mit dem Unternehmen zu verdienen und die Früchte der Bemühungen zu ernten, die wir zuvor investiert haben. Als Faustregel stimmen die meisten erfolgreichen Unternehmer darin überein, dass die Expansionsphase nach 3-5 Jahren Geschäftsentwicklung einsetzt. Wie würdest du deinen eigenen Bedarf und den deines Unternehmens in der Anfangsphase der Entwicklung finanzieren? Work-Life-Balance ist für das nicht-öffentliche Wohlergehen unerlässlich. Beim Aufbau des Unternehmens geht es darum, bei Bedarf verfügbar zu sein. 99 % der Zeit mit der Führung des Unternehmens zu verbringen, bietet jedoch möglicherweise nicht die erforderliche Work-Life-Balance. Bei einem exzellenten Zeitmanagement geht es darum, Prioritäten richtig zu setzen und sicherzustellen, dass du jeder Priorität die Aufmerksamkeit schenkst, die sie verdient.

Was bewirkt, dass du dich bei anderen wohlfühlst? Welchen Teil kannst du einschränken, wenn du in einem Team arbeitest? Deine Gewohnheiten könnten der Grund für die Bindung in einigen Beziehungen sowie der Grund für Konflikte in anderen sein. Deine interkulturellen Normen in Bezug auf Entscheidungsstil, Kommunikation und Arbeitseinstellung bilden die Grundlage deiner interaktiven Fähigkeiten. Bei jeder Beziehung geht es darum, ein Win-Win-Ergebnis zu erzielen! Deine Mitarbeiter arbeiten hauptsächlich mit dir zusammen, um ihren Lebensunterhalt und einen Teil ihrer Karriereplanung zu bestreiten. Das Unterstützen deiner Vision kann daraus resultieren, dass du ihnen die erforderliche Zeit und Aufmerksamkeit widmest. Wie gut bist du, wenn du dich nicht auf vertrautem Terrain befindest? Manche Menschen leben vom Risiko, während andere ein gewisses Gefühl der Sicherheit brauchen. Und du? Was kannst du tun, um außerhalb deiner Komfortzone erfolgreich zu sein?

Die Liste der unternehmerischen Eigenschaften ist endlos! Belastbarkeit, Entschlossenheit, Selbstwert und so weiter. Die erste und wichtigste Frage lautet, ob du bereit bist, dich auf eine Reise mit unbekannter Route und ohne Erfolgsgarantie einzulassen. Ein Businessplan gibt dir Orientierung. Es bereitet dich jedoch nicht darauf vor, das Unerwartete zu bewältigen. Bei einer erfolgreichen unternehmerischen Marke geht es darum, den Schritt nach vorne zu wagen! Der Schlüssel liegt darin, deine Geschäftsideen zu gestalten, statt über Geschäftsideen zu sprechen und solche zu schreiben, die in der Schublade verbleiben.

Peter Drucker bringt es auf den Punkt:

„Wann immer Sie ein erfolgreiches Geschäft sehen, hat jemand einmal eine mutige Entscheidung getroffen."
Um ein funktionierendes, erfolgreiches Individuum zu werden, egal welches Unterfangen wir bestreiten, müssen wir zuerst die richtige Einstellung und die richtigen Verhaltensmerkmale kultivieren. Nirgendwo sonst ist diese Tatsache zutreffender als bei der Betrachtung der dominanten Eigenschaften, die für unternehmerische Führung erforderlich sind. Es gibt einflussreiche Führungskräfte und Direktoren in vielen Bereichen, aber die meisten Führungsentwicklungsprogramme sind weder auf die Förderung des Unternehmertums spezialisiert, noch wenden sie innovative Trainingsmethoden an. Du kannst jedoch die erforderlichen unternehmerischen Führungsqualitäten erwerben, entwickeln und konsequent vorantreiben.

Welche Charaktereigenschaften haben Unternehmer? Sind diese Verhaltensweisen so wichtig? Kurz gesagt, diese Eigenschaften sind absolut notwendig, denn wenn du sie nicht aufweist, schwinden deine Chancen auf geschäftlichen Erfolg. Diese Merkmale lauten wie folgt:

Risikobewertung: Dieser entscheidende Aspekt des Unternehmertums wird vielleicht am meisten missverstanden. Viele Führungskräfte sind bereit, jedes Risiko einzugehen, das sich als Durchbruch oder nie zuvor erprobte Gelegenheit darstellt. Aber ohne sich die Zeit und Energie zu nehmen, um die potenziellen Fallstricke einer neuen Idee gründlich zu bewerten oder zu untersuchen, werden sie ihr Vorhaben wahrscheinlich nicht verwirklichen können. Bei der Geschäftstätigkeit werden sie immer auf verschiedene Herausforderungen, Probleme und Situationen stoßen, welche die sofortige Aufmerksamkeit, Entscheidung und Entschlossenheit erfordern. Nach sorgfältiger Bewertung lohnt es sich jedoch, zahlreiche Risiken einzugehen, insbesondere wenn deren Variablen häufig untersucht und abgewogen werden und wenn festgestellt wird, dass der Großteil davon tendenziell gut für das Geschäft ist. Heutzutage musst du bereit sein, ein Spieler zu sein, andernfalls agierst du nicht mit dem notwendigen, geschäftlichen Mut.

Weise, clever und aufgeschlossen: Die meisten Menschen glauben, dass Intelligenz alles ist, was man braucht, um eine erfolgreiche Führungskraft zu sein, aber Weisheit, die Bereitschaft, neue Dinge zu lernen, und die Akzeptanz neuer Realitäten und Sichtweisen sind ebenso notwendige Eigenschaften. Natürlich können wir es mit Intelligenz, scharfsinnigen Einsichten und gewieften Geschäftsabschlüssen weit bringen. Unabhängig von deiner Position zwingen dich die heutigen komplexen und intensiven Situationen jedoch dazu, mentale Stärke und Wachsamkeit gegenüber sich anpassenden Umständen und Antizipation in Bezug auf aufkommende Trends an den Tag zu legen. Diese Attribute werden dir helfen, den Respekt und das Vertrauen deiner Kunden und deiner Mitarbeiter oder Partner zu gewinnen.

Executive-Leadership-Development: Es überrascht mich nach wie vor, wenn jemand sagt, dass Führungsstärke einfach ein Talent ist, mit dem manche Menschen geboren werden. Ja, in der Tat, die Zutaten und Merkmale exzellenter Führung sind oft schwer zu erkennen oder in einer zufälligen oder unorganisierten Masse von Menschen zu finden. Es gibt nicht viele von uns, die von Natur aus die Nerven haben, die man zum Navigieren durch schwierige Gewässer braucht. Die heutigen innovativen Trainingsprogramme befähigen Menschen jedoch, die bewährten Grundlagen unternehmerischer Führungsprinzipien, und -praktiken zu verstehen und anzunehmen. Deine Führungsqualitäten werden dem Unternehmen dienen, wenn deine persönlichen Qualitäten und Verhaltensweisen dich dabei unterstützen, Menschen zu führen, zu beeinflussen, zu verwalten und zu leiten. Diese Fähigkeiten werden es ermöglichen, die geschäftlichen Angelegenheiten mit größerer Leichtigkeit und positiven Emotionen zu verrichten.

Die innere Leidenschaft für dein Unternehmen: Ein wesentliches Merkmal erfolgreicher Unternehmer ist die Intensität des enthusiastischen Eifers, den sie für ihr Unternehmen brauchen. Wir haben ein hohes Maß an dieser emotionalen Eigenschaft bei vielen Führungskräften des öffentlichen Dienstes, der Regierung und der Wirtschaft gesehen, die auch Gründungsmitglieder von Organisationen waren. Weder die Entwicklung von Führungskräften noch innovative Trainingsprogramme können spezifische Wege ›lehren‹, eine intensive Sehnsucht und Lust auf dein Unternehmen zu entwickeln. Du musst deinen Enthusiasmus und dein unerschütterliches Interesse an geschäftlichen Unternehmungen haben, aufrechterhalten und steigern. Wenn der Antrieb, die Entschlossenheit und der Ehrgeiz hoch sind, befindest du dich auf dem besten Weg, dein Unternehmen erfolgreich zu führen und auszubauen. Jede Organisation stützt sich auf positive Beziehungen. Einige Managementexperten sagen, dass unternehmerische Führung bedeutet, achtzig Prozent seiner Zeit dafür aufzuwenden und investieren, Beziehungen zu Mitarbeitern, Kunden und anderen Beteiligten aufzubauen, zu organisieren und zu stärken.

Wie Kinoregisseur Neil LaBute feststellt: „In einer Beziehung muss man sich öffnen." Jeder Manager weiß, dass dies oft der Fall ist, da das Geschäft nicht sehr weit kommen wird, ohne offen zu sein, aufrichtig mit Kunden umzugehen und ihnen Zugang zu gewähren. Deine Ehrlichkeit, Integrität und Vertrauenswürdigkeit werden es ermöglichen, sich die Loyalität, Kundentreue und den guten Willen deiner Community, Käufer, Sponsoren und Kollegen zu verdienen. Für den Erfolg einer unternehmerischen Führungstätigkeit sind weitere Eigenschaften und Verhaltensweisen erforderlich. Die fünf oben aufgeführten Attribute helfen jedoch bei der Bewältigung der meisten organisatorischen Verantwortlichkeiten, Pflichten und Verpflichtungen. Diese Eigenschaften bilden auch die Grundlage für erfolgreiche Karrieren in jeder Branche und jedem Beruf. Wenn du dich jedoch mit den Mitteln ausstattest, um deine Leistung zu verbessern, werden einige Überstunden, die du für Schulungen aufwendest, den entscheidenden Unterschied ausmachen.

Falls du beabsichtigst, ein Programm zur Entwicklung von Führungskräften zu nutzen, um deine Kompetenz zu schärfen, solltest du die Markttrends sorgfältig studieren, einige strategische Optionen für dein Unternehmen in Betracht ziehen und das Kapital bereitstellen, um den Vorgang zu erleichtern. Wie du inzwischen gelernt hast, kann eine unternehmerische Denkweise eine Kombination aus Grundüberzeugungen und Geschäftsansätzen sein, die zu Erfolg auf hohem Niveau führen. Betrachte die erfolgreichsten Unternehmen, und du wirst wahrscheinlich eine fortschrittliche und erfinderische Art des Denkens erkennen. Nicht verwunderlich, dass diese Skills so begehrt sind.

ÜBERLEBENSINSTINKTE

Relevante Unternehmer verfolgen Überlebensinstinkte – aus Gewohnheit. Die Geschäftswelt hält gefährliche Risiken bereit, so dass diese Instinkte das Überwinden von Krisen sichern. Dies kann nicht nur zur Gründung eines erfolgreichen Unternehmens beitragen, sondern auch sicherstellen, dass du in der Lage bist, ein bestimmtes Leistungsniveau aufrechtzuerhalten. Mentale Stärke kann eine enorme Anstrengung erfordern, um Erfolg zu generieren.

Risikofreudigkeit.

Jedes Jahr scheinen sich den führenden Unternehmen der Geschäftswelt neue Erfindungen und Marketingtechniken zu offenbaren. Von Unternehmern wird jedoch angenommen, dass sie ein Unternehmen mit unerprobten Mitteln gründen – es liegt ihnen im Blut, mit Veränderungen zu experimentieren. Sie leben von der Aussicht, sich einem solchen Risiko von Angesicht zu Angesicht zu stellen. Schließlich erinnert dich die unternehmerische Denkweise daran, dass Erfolg ohne Herausforderungen, Zweifel oder Bedenken keine Herausforderung wäre.

Beharrlichkeit.

Ähnlich wie Risiken in Kauf zu nehmen ist Beharrlichkeit ein weiterer Faktor, der zur unternehmerischen Denkweise gehört. Beharrlichkeit zahlt sich auch in Zeiten des Scheiterns aus. Führungskräfte wollen lernen, weiterzumachen und durchzuhalten, auch wenn die Dinge düster aussehen. Beharrlichkeit gibt dir die Mittel, durchzuhalten.

Bleibe deinen Glaubenssätzen treu.

Am wichtigsten ist, um ein hohes Maß an Erfolg aufrechtzuerhalten, mit seinem Glaubenssystem verbunden zu bleiben. Falls du merkst, dass dein Herz nicht die erforderliche Leidenschaft für das Geschäft in sich trägt, wird eine ausgezeichnete unternehmerische Denkweise dies erkennen. Der Erfüllungsdrang lässt sich nicht vortäuschen und ohne ihn ist das Unternehmen praktisch bedeutungslos. Was nützt Erfolg, wenn er ein unglaubliches Gefühl der Gleichgültigkeit beinhaltet? Es wird nicht lange dauern, bis deine Kunden deine Apathie erkennen. Sobald sie es tun, ist dein Unternehmen tot.

UNTERNEHMERISCHE SELBSTENTWICKLUNGS-IDEEN

Unternehmer sehen sich einem herausfordernden Umfeld gegenüber. Sie müssen in verschiedenen Dingen begabt sein, haben aber wenig Raum dafür. Die meisten Unternehmer haben eine begrenzte Menge an Zeit, Energie und anderen Ressourcen, um sich der Selbstverbesserung zu widmen. Auf der anderen Seite können Unternehmer am meisten davon profitieren, ihr Wissen und ihre Fähigkeiten zu erweitern. Es ist ein schmaler Grat mit schwierig einzuhaltender Balance. Falls du Unternehmer bist, probiere diese Vorschläge aus, um einigen Zielen der Selbstentwicklung erfolgreich näherzukommen:

1. Nehme dir etwas Zeit, um darüber nachzudenken, was du lernen möchtest. Entscheide anhand der Anforderungen

und Schwächen, mit denen du dich konfrontiert siehst. Was wird dein Leben oder dein Unternehmen auf ein neues Level heben? Da Unternehmer wenig Zeit haben, ist es wichtig, dass du deine freien Stunden effektiv einsetzt.

- „Was würde meinem Leben oder Glück am ehesten einen Schub geben?“
- „Was wäre für mein Unternehmen am vorteilhaftesten?“

2. Verkaufsfertigkeiten. Geld verdienen ist eine Herausforderung, wenn du keine ausreichende Anzahl Kunden hast. Die Verkaufsfähigkeiten von Unternehmern gehören häufig zu den wertvollsten Eigenschaften. Die Verbesserung der Verkaufstalente könnte eine clevere Alternative für Selbstentwicklungsbemühungen sein, wenn die Umsätze Verbesserungspotenzial aufweisen.

3. Marketingfähigkeiten. Du wirst es schwer haben, wenn niemand von deinem Unternehmen weiß. Für Unternehmer von heute gibt es eine Fülle von kostengünstigen Marketingoptionen. Vielleicht kommt es deinem Unternehmen zugute, dieses entscheidende Talent zu stärken.

4. Soziale Fähigkeiten. Die Beschäftigung eines Unternehmers kann ein erhebliches Spektrum an Networking, Gewinnung und Pflege von Verbrauchern und Kunden umfassen. Dein Geschäft wird leiden, wenn deine sozialen Fähigkeiten fehlen. Ob du Unternehmer bist oder nicht, du profitierst von verbesserten Social Skills.

5. Sprechen vor Publikum. Die Fähigkeit, im Umgang mit Menschen trägt dazu bei, Selbstvertrauen und Stabilität

zu gewinnen. Eine Präsentation auf einer Konferenz zu halten ist ein ehrlicher Ansatz, um Dienstleistungen oder Produkte einem größeren Publikum zu vermarkten und zu verkaufen.

6. Ziele. Ist es möglich, objektive Ziele zu haben? Viele Unternehmer könnten davon profitieren, wenn sie auf eine Reihe erreichbarer Ziele kurzfristig hinarbeiten können. Das Setzen und Erreichen von Zielmarken kann eine wertvolle Fähigkeit sein, die es zu lernen gilt. Es ist ein Talent, das auf verschiedene Situationen jenseits des Unternehmertums angewendet werden kann.

7. Beharrlichkeit, Disziplin und Konzentration. Dies sind drei Attribute, von denen jeder Unternehmer profitieren kann. Erwäge, ein Programm zu erstellen, das sich auf eines oder mehrere dieser Attribute konzentriert, wenn du einen Mangel entdeckst. Andere zu berücksichtigende Attribute sind die Beeinflussung von Stress, Selbstvertrauen und Motivation.

8. Zeit ist für Unternehmer immer ein bedeutender Faktor. Eine bessere Technik zu finden, um seine Zeit zu managen, ermöglicht am ehesten einen Moment der Entspannung.

9. Gesundheit. Die Mehrheit der Kleinunternehmer kümmert sich nicht angemessen um sich selbst. Unzureichender Schlaf, zu viele ausgelassene Mahlzeiten, schlechte Lebensmittelqualität und Bewegungsmangel können schwerwiegende gesundheitliche Probleme verursachen. Deine Gesundheit zu einer Priorität zu machen und gesunde Gewohnheiten zu stärken, ist möglicherweise die einfachste Art, um Zeit für die Selbstentwicklung aufzubringen.

10. Beziehungen. Beziehungsprobleme sind unter Unternehmern weit verbreitet. Der Zeitaufwand, der für die Führung eines Unternehmens erforderlich ist und der damit verbundene Stress können jede Beziehung belasten. Die vielleicht wichtigste Fähigkeit, die du dir zu diesem Zeitpunkt aneignen kannst, ist die Bindungsintensivierung.

Lege fest, welcher Aspekt der Selbstentwicklung deinem Unternehmen oder Leben am meisten zugutekommt. Ist es wichtiger, den Umsatz zu steigern, als die Gesundheit zu verbessern? Ist Zeitmanagement derzeit die am besten zugängliche Fähigkeit, die du optimieren kannst? Untersuche deine spezifische Situation und plane Selbstentwicklungszeit entsprechend ein. Der Meister der Ideen verkörpert die Rolle des Erfinders, egal ob er ein Kreativer oder ein Geschäftsmann ist. Die Erfinder glauben, dass der entscheidende Faktor, die Idee des Erfinders ist. Der Erfinder, der die Einzigartigkeit schätzt und seinen Prinzipien treu bleibt, hat es am leichtesten, etwas zu erschaffen. Darüber hinaus hat jeder Innovator eine Reihe von zehn Grundprinzipien, nach denen er arbeitet und lebt. Diese Prinzipien entscheiden über Erfolg oder Misserfolg.

Der Verstand wird keine Lösungen oder Ideen hervorbringen, wenn der Glaube fehlt. Das Bewusstsein des Erfinders glaubt, dass alles möglich ist. Es wird nicht ruhen, bis eine Lösung für das gegenwärtige Problem gefunden wurde.

I. Konzentriere dich ausschließlich auf dein Fachgebiet, deine Stärke und deinen Enthusiasmus.
   Jeder große Innovator, der einen bedeutenden Beitrag zur Gesellschaft geleistet hat, hatte die Einsicht, seiner

Leidenschaft zu folgen und seine Zeit und Aufmerksamkeit seinen gottgegebenen Talenten und Stärken zu widmen. Nur, wenn du deine Bemühungen konzentrierst und dich auf deine herausragenden Kompetenzbereiche fokussierst, kannst du einen wesentlichen Beitrag leisten. Alles Nützliche beginnt mit intrinsischen und natürlichen Fähigkeiten und Fertigkeiten, nicht mit Mittelmäßigkeit oder Schwäche.

II. Selber arbeiten und denken.
Alleinsein ist der Schlüssel zur Verbesserung der Konzentration und Fokussierung auf die eigenen Gedanken. Wenn wir allein sind, haben wir die Freiheit, unsere eigenen Entscheidungen zu treffen, ohne von Meinungen, Überzeugungen oder Einschränkungen beeinflusst zu werden. Als Ergebnis erwerben wir die Anpassungsfähigkeiten, Ressourcen und praktischen Werkzeuge, die erforderlich sind, um unsere Ideen zu verwirklichen. Die natürlichen Attribute des Schöpfers – Zielstrebigkeit und Führungsstärke – spiegeln sich in seinem Bedürfnis wider, allein zu arbeiten und zu denken. Jede andere Option beinhaltet das Risiko, dass deine Gedanken und dein Wirken von Zwängen, Werten und Träumen beeinflusst und eingeschränkt werden. Am Ende werden deine brillanten Ideen und Innovationen zu verwässerten Versionen der ursprünglichen Vision, oder schlimmer noch, der Vision eines Dritten.

SEI EIN MEISTER DES UNTERBEWUSSTEN

Dein Unterbewusstsein hat mehr Macht, als du glauben magst. Wenn ich behaupte, dass unser Verstand hochgradig kompliziert ist, wirst du mir vermutlich zustimmen. Vielleicht bist du jedoch schockiert zu sehen, wie viel Macht wir über die Programmierung des Unterbewusstseins haben. Bevor ich darauf eingehe, möchte ich Folgendes betonen:

Nehmen wir an, dass das Unterbewusstsein einem riesigen Gedächtnisspeicher ähnelt. Es hat eine nahezu unbegrenzte Kapazität und zeichnet alles auf, was passiert. Bis zum 21. Lebensjahr haben wir den Inhalt einer Enzyklopädie mehr als hundert Mal dauerhaft gespeichert. Ältere Erwachsene können sich unter Hypnose oft mit vollkommener Klarheit an die Zeit vor fünfzig Jahren erinnern. Unser unterbewusstes Gedächtnis ist nahezu fehlerlos. Es ist die bewusste Erinnerung, aller uns beschäftigenden Fragen. Die Aufgabe des Unterbewusstseins ist es, Informationen zu speichern und abzurufen. Das Ziel hierbei ist es, sicherzustellen, dass wir so reagieren, wie wir angewiesen wurden. Unser Unterbewusstsein formt alles, was wir sagen und tun. Sodass es einem Muster entspricht, das mit einem Konzept oder ›Master-Programm‹ arbeitet. Deshalb ist es so hilfreich, positive Affirmationen zu wiederholen – indem wir erfreuliche und erfolgsorientierte Elemente implementieren, können wir unsere mentalen Muster neu strukturieren.

Aus diesem Grund haben positive Denkaktivitäten – wie das Lesen inspirierender Zitate – eine so große Wirkung auf die Menschen. Wenn wir unsere Gedanken auf motivierende Konzepte konzentrieren, wird das Unterbewusstsein beginnen, ein positives Muster in unserem Denken und der Lebenseinstellung zu etablieren. Unser Unterbewusstsein ist sehr persönlich. Es denkt oder argumentiert nicht von sich aus, stattdessen gehorcht es nur den Anweisungen, die ihm von unserem Bewusstsein gegeben werden. Das Unterbewusstsein kann mit einem Garten oder fruchtbaren Boden verglichen werden, in dem Samen keimen und gedeihen. So wie das Bewusstsein mit einem Gärtner verglichen werden kann, der Samen pflanzt. Ein weiterer Grund, warum die Nutzung der Kraft des positiven Denkens von entscheidender Bedeutung ist, besteht darin, dass du dadurch klarere Gedanken entwickelst.

Dein Bewusstsein gibt Befehle und dein Unterbewusstsein führt sie aus.

Das Unterbewusstsein ist ein bedingungsloser Diener, der rund um die Uhr arbeitet, um sicherzustellen, dass die Handlungen einem Muster folgen, das den emotionalisierten Gedanken, Hoffnungen und Wünschen entspricht. Im Garten des Lebens entwickelt das Unterbewusstsein entweder Blumen oder Unkraut, je nachdem, welche mentalen Parallelen wir ziehen.

In unserem Unterbewusstsein existiert ein homöostatischer Impuls. Es reguliert die Körpertemperatur, Atmung und

Herzfrequenz. Es hält ein Gleichgewicht zwischen den Hunderten von Chemikalien in den Milliarden von Zellen durch unser autonomes Nervensystem aufrecht. Die gesamte physische Maschinerie arbeitet so die meiste Zeit in perfekter Harmonie. Im mentalen Bereich hält das Unterbewusstsein die Selbstregulation aufrecht, indem es uns dazu bringt, auf eine Weise zu denken und zu reagieren, die mit dem übereinstimmt, was wir in der Vergangenheit getan und gesagt haben. Das Unterbewusstsein speichert alle Denk- und Verhaltensmuster. Es hält alle deine Sicherheitszonen gespeichert und arbeitet hart daran, diese zu bewahren. Aus diesem Grund ist es wichtig, regelmäßig SMART-Ziele zu formulieren. Produktiv zu bleiben und sich auf Ziele zu konzentrieren, wird mit der Zeit ein natürlicher Vorgang werden. Wenn wir versuchen, etwas Neues oder Ungewöhnliches zu tun oder etablierte Verhaltensmuster zu stören, sorgt unser Unterbewusstsein dafür, dass wir uns unwohl fühlen. Angst und Besorgnis sind psychologische Indikatoren dafür, dass unser Unterbewusstsein aktiviert wurde. Doch hat es im Hintergrund daran gearbeitet, diese Verhaltensmuster aufzubauen, lange bevor wir uns dessen überhaupt bewusst geworden sind.

Einer der Gründe, warum Gewohnheiten so schwer zu durchbrechen sind, ist die Neigung, sich auf diese Muster festzulegen. Wir können die Kraft der Gewohnheit nutzen und aktiv neue Komfortzonen installieren, an die sich unser Unterbewusstsein anpasst. Wenn wir etwas Neues ausprobieren, spüren wir, wie unser Geist die Komfortzone zurückdrängt. Wir werden uns unwohl und ängstlich fühlen, wenn wir nur daran denken, etwas anderes zu tun, als üblich. Aus diesem Grund sind Zeitmanagementmethoden anfangs schwieriger anzuwenden, aber wenn sie zur Gewohnheit oder Routine werden, werden sie zu einem Automatismus. Indem wir dies tun, haben wir unseren Geist neu konditioniert, damit er zu unseren Gunsten arbeitet.

Herausragende Männer und Frauen dehnen und drängen sich immer über ihre Komfortzonen hinaus. Sie verstehen, wie schnell eine Komfortzone in jeder Situation zur Behinderung werden kann. Sie wissen, dass Selbstgefälligkeit der Erzfeind von Innovation und Zukunftspotenzial ist. Du musst bereit sein, dich zunächst unbeholfen und unwohl zu fühlen, wenn du Neues ausprobierst, sofern du Fortschritte machen und deine Komfortzone verlassen willst. Es lohnt sich, auch mal schlecht abzuschneiden, bis ein Gefühl dafür vorhanden und eine neue Komfortzone etabliert ist. Ich rate denjenigen, die ihre Komfortzonen erweitern möchten, dringend, die Gewohnheiten erfolgreicher Menschen zu erforschen, da dies die Muster sind, denen herausragende Führungskräfte und Denker normalerweise folgen. Du wirst einen Schritt näher daran sein, die gleichen Dinge in deinem Leben geschehen zu lassen, sobald du die Kraft dieser Praktiken verstehst.

Das Erlernen von Strategien zur Neuprogrammierung des Unterbewusstseins wird dir dazu verhelfen, an dich zu glauben, da die Angst vor dem Unbekannten kein Faktor mehr sein wird. Noch wichtiger ist, dass du dein Gehirn trainierst, sich an den wahren Wünschen, Träumen und Lebenszielen auszurichten. Je mehr du mit deinem Unterbewusstsein in Einklang gerätst, desto näher ist der Durchbruch zum Erfolg. Vielleicht schwirrt dir bereits seit Ewigkeiten eine Theorie im Kopf herum. Anstatt an dem Traum festzuhalten, aber niemals zu handeln, wirst du den nächsten Schritt gehen, um zu lernen, Ideen Wirklichkeit werden lässt – sobald das Selbstvertrauen dafür vorhanden ist.

Erinnere dich stets daran: Ein entscheidender Erfolgsfaktor ist die schnelle Umsetzung deiner Ideen. Der erste Schritt, um handlungsbereit zu sein, besteht darin, selbstbegrenzende Überzeugungen – oder Zweifel – loszulassen.

Ich bin nun Investor, Business-Angel, Teilzeitberater und CEO eines Verlags – Trend Guide Media, sowie Weltreisender. Das Engagement meiner geliebten Tochter zugunsten ihres Geschäfts veranlasste mich, tiefer in die Thematik komplexer Geschäftsführung einzutauchen. Meine Tochter hat das größte Studio für moderne Spiritualität in Berlin ins Leben gerufen. Ich drückte wieder die Schulbank, nutzte die COVID 19-Lockdowns und legte eine Prüfung zum zertifizierten Yoga- und Meditationslehrer ab. Ich habe zudem einige Prüfungen in der Schweiz als Hypnotherapeut und Coach abgelegt, ausgebildet von Gabriel Palacios, dem Wunderkind der Hypnose (Bestsellerautor und TV-Star). Ich habe die Marke *my-mindguide.com* gegründet und denke darüber nach, eine Online- und Social-Media-Plattform auf Instagram und Facebook zu starten. *www.my-mindguide.com*

Mein Ziel ist es, Menschen dabei zu helfen, ihr volles Potenzial auszuschöpfen. *Überschreite die Grenzen, und du wirst grenzenlos frei sein.* Nach mehr als 50 Jahren im Geschäft habe ich dir, so glaube ich, viel zu erzählen … Was glaubst du?

Ich bin österreichischer Unternehmer und arbeite seit 40 Jahren in der Werbung und Markenberatung. Ich habe

Werbeagenturen in München, Wien, L.A. (mit DhalanNetch Creative) und Zürich gegründet.

A Trendguide ist ein Netzwerk-Publisher, der die Website *www.trendguide.info* betreibt, Trendguide Capital bildet eine Investmentgesellschaft.

Ich habe die Corona-Lockdowns genutzt, um Hypnotherapie zu studieren und bin jetzt lizenzierter Hypnotherapeut (NGH, USA, Schweiz, Deutschland), sowie Yoga- und Meditationscoach.

Falls dir dieses Buch gefallen hat und du mehr über andere Themen erfahren willst, die mein Leben verändert haben, schaue dir doch bitte meine neuen Bücher auf Amazon oder auf meiner Website an: www.my-mindguide.com.

Bleiben wir besser auch in den sozialen Medien in Verbindung! Bitte hinterlasse eine Nachricht auf Facebook oder Instagram und sei gespannt auf Updates! Gerne kannst du mir deine Gedanken auch direkt mitteilen: gassner@my-mindguide.com. Im Gegenzug bekommst du eine wunderschöne Infografik, die du ausschneiden und einrahmen kannst.

Bitte hinterlasse eine Rezension auf Amazon, da dies dazu beitragen wird, ein noch breiteres Publikum zu erreichen. Vielen Dank für deine Zeit, deine Geduld und deinen unersättlichen Wissenshunger!

Ich möchte mich bei meinen Kollegen, Kunden, Freunden und Familienmitgliedern bedanken, die alle zu dem beigetragen haben, wer ich jetzt bin.

Ich möchte auch Gabriel Palacios danken, einem Schweizer Bestsellerautor, dem König der Hypnotherapie. Er brachte einem alten Fuchs neue Tricks bei und ließ mich tief in das Mysterium der Hypnotherapie eintauchen. Ich habe auf dieser Reise so viel gelernt, dass ich nun selbst zertifizierter Master-Hypnose-Coach und Konversationscoach bin.

Außerdem möchte ich mich bei den fantastischen Gelehrten von SAMYANA/Bali bedanken, die mich zum zertifizierten Yoga- und Meditationslehrer ausgebildet haben.

Nicht zuletzt gilt mein besonderer Dank meinem Lehrmeister Eckhard Wunderle, der mir wie ein Heiliger am Herzen liegt. Er führte mich in die Welt der Meditation ein und ließ mich all die Wunder entdecken, welche diese zu bieten hat. Ich könnte nicht stolzer sein, meine Zertifizierung als Meditationslehrer direkt von ihm am Institut für Spirituelle Psychologie erhalten zu haben.

Frieden, Liebe und Glück euch allen – bis zum nächsten Mal!

Authors portrait

Kurt Friedrich Gassner hat im Laufe seines Lebens viele Rollen gespielt. Unter anderem war er Serienunternehmer, Kreativdirektor, Meditationslehrer, lizenzierter Hypnosetherapeut und seit kurzem auch Autor für Selbstverbesserung. Durch die Nutzung seines Erfahrungsschatzes und seiner fundierten Kenntnisse der Psychologie gibt er seinen Lesern die Werkzeuge an die Hand, die sie benötigen, um ihr unendliches Potenzial zu entfalten.

Als produktiver Selbsthilfe-Autor hat Kurt die folgenden Bücher verfasst: *Die Kunst des Vergebens, Lügen oder Sterben, Soul-Match, Kann man einen vergifteten Verstand erben? und Die Macht der Armut.* Er ist auch Autor eines Kinderbuch-Bestsellers im deutschsprachigen Raum und hat über 20 Bücher in Arbeit.

Wenn es um dauerhaften Erfolg geht, weiß Kurt, dass finanzieller Wohlstand nicht der einzige Aspekt ist, nach dem man streben sollte. Er mag ein Selfmade-Millionär sein, aber was sein Leben wirklich verändert hat, ist die Beherrschung seines Unterbewusstseins. Beharrlichkeit, persönliche Stärke, Selbsterkenntnis und das Lernen aus vergangenen Fehlern waren die wichtigsten Zutaten, um seine Träume zu verwirklichen. Er bemüht sich, diese Weisheit durch sein Schreiben an andere weiterzugeben.

In seiner Freizeit reist Kurt Friedrich Gassner entweder um den Globus, geht golfen, radelt in den Alpen, wandert oder verbringt Zeit mit seinen Lieben. Seit 37 Jahren ist er glücklich verheiratet und Vater von zwei erfolgreichen Kindern. Zurzeit wohnt er in München, Deutschland, und Kirchberg, Österreich.

OTHER BOOKS BY THE AUTHOR

BÜCHER VOM AUTOR IN DEUTSCHER AUSGABE

OTHER BOOKS BY THE AUTHOR

BESTSELLING AUTHOR OF
The Art Of
FORGIVNESS
AMAZON #1 BESTSELLER
My-mindguide.com
A practical guide for self healing and overcome past traumas
The Art Of
FORGIVNES
KURT GASSNER
The Art Of
FORGIVNESS
KURT GASSNER